普通地质学实验及复习指导书

（彩色版）

解国爱　舒良树　主编

南京大学出版社

图书在版编目（CIP）数据

普通地质学实验及复习指导书：彩色版 / 解国爱，
舒良树主编. -- 南京：南京大学出版社，2020.7(2022.1重印)
ISBN 978-7-305-23624-2

Ⅰ.①普… Ⅱ.①解… ②舒… Ⅲ.①地质学—实验
研究生—入学考试—自学参考资料 Ⅳ.①P5-33

中国版本图书馆CIP数据核字（2020）第129262号

出版发行 南京大学出版社
社　　址 南京市汉口路22号　　邮　　编 210093
出 版 人 金鑫荣

书　　名 普通地质学实验及复习指导书(彩色版)
主　　编 解国爱　舒良树
责任编辑 田　甜
照　　排 南京新华丰制版有限公司
印　　刷 南京凯德印刷有限公司
开　　本 787×1092 1/16 印张 8.25(含插页) 字数 227千
版　　次 2020年7月第1版 2022年1月第2次印刷
ISBN 978-7-305-23624-2
定　　价 58.00元

网址:http://www.njupco.com
官方微博:http://weibo.com/njupco
官方微信号:njupress
销售咨询热线:(025)83594756

前　言

《普通地质学实验及复习指导书》是“普通地质学”课程的配套教材，主要用于学生的实践教学和课程复习，是普通地质学这门课的重要教学环节。在实践教学过程中，学生通过实际操作和直接感观的体会和认识，对实物标本、模型、地质图件、野外典型地质剖面等的观察和实地考察，可以进一步理解和巩固理论课上所学的知识。与此同时，进行一些基本技能的训练，从而训练学生逐渐学会观察，并提高分析问题、解决问题的能力，同时，这也是培养学生树立时空观念以及地质辩证思维思想的重要环节。

本书由“实验指导”和“复习思考题”两部分组成。“实验指导”包括室内和野外课间教学实习两部分，涉及矿物、岩石、地层、构造、地质图件等，野外课间实习是理论课和课堂实验课的延伸和补充，是进一步拓宽学生的知识视野，尽早接触地质环境、了解地球科学的内涵，为以后参加按教学计划安排的地质实习工作打好初步基础。“复习思考题”作为本课程学习结束后复习思考，也可作为研究生入学考试之参考。

本书在《普通地质学实验及复习指导书》（解国爱，舒良树主编，南京大学出版社，2011）的基础上，结合多年“普通地质学”实验课教学经验，编写而成。

由于编者水平有限，本书可能存在缺点和不足，望广大师生提出宝贵意见，便于进一步提高实验指导书的质量。

主　编

目　录

第一部分　普通地质学实验指导

第二部分　普通地质学复习指导

第一部分

普通地质学实验指导

§1 矿 物

实验一 观察矿物的形态与光学性质

一、目的

通过观察和认识矿物的形态及光学性质,初步掌握肉眼鉴定矿物的操作方法。

二、要求

1. 在教师的指导下,观察矿物形态及光学性质,为鉴别矿物打下基础。
2. 按照实验报告表格要求,描述给定矿物的主要鉴别特征。
3. 爱护实验标本和实验设备。

三、实验内容、方法与注意事项

1. 矿物的形态

矿物分为晶质矿物和非晶质矿物,晶质矿物包括显晶质矿物和隐晶质矿物,区别如下:

- 矿物
  - 晶质矿物
    - 显晶质矿物:肉眼或放大镜可以辨认的单体
    - 隐晶质矿物:只能在显微镜下分辨出单体
  - 非晶质矿物(玻璃质):没有一定的晶形,它的颗粒在显微镜下也难以辨认

矿物有一定的形态,并有单体形态和集合体形态之分,因此,观察时首先应区分是矿物的单体还是集合体,然后进一步确定属于什么形态。

(1) 矿物的单体

矿物的单体是指矿物的单个晶体,它具有一定的几何外形,由晶棱、晶角和晶面构成。同种矿物往往具有一种或几种固定的几何形态,如立方体、四面体、八面体、菱形十二面体等(图1-1)。矿物的形态是其内部结晶格架的外在表现,因此,这些固定的几何形态是认识矿物的重要标志之一。

矿物单体在一定外界条件下,总是趋向于形成特定的晶体形态特征,称为结晶习性,根据矿物晶体在三维空间发育程度,可将矿物单体大体分为三类:

一向伸长 晶体沿一个方向特别发育,其余两个方向发育差,晶体细长,形成针状或柱状晶体,如辉锑矿、电气石、角闪石等。

二向伸长 晶体沿两个方向特别发育,第三方向不发育或发育差,呈片状(如云母、石墨),板状(如钾长石)等。

三向等长 晶体沿三个方向大体相等发育,形成等轴状或粒状晶形,如立方体(黄铁矿)、八面体(磁铁矿)、菱面体(方解石)、菱形十二面体(石榴子石)等。

图1-1 常见矿物单体形态

(2) 矿物集合体

矿物集合体是由许多个结晶矿物单体共同生长在一起的矿物组合，也可以是未结晶矿物(或称准矿物)的组合。当由结晶矿物单体组合而成时，常常可分辨出每个矿物单体的形态。矿物的单体在集合体中常具有不同的排列方式(图1-2)，常见的显晶质集合体形态有：

柱状集合体 个体均由柱状矿物组成，集合方式不规则，如辉锑矿。

放射状集合体 个体为针状、长柱状，一端会聚，另一端呈发散状，像光线四射，如红柱石、阳起石等。

纤维状集合体 由极细的针状或纤维状矿物组成，如石棉、纤维石膏等。

片状集合体 由片状矿物组成，如云母。

板状集合体 由板状矿物组成，如石膏。

粒状集合体 由均匀粒状矿物组成，如石榴子石、橄榄石。

晶簇 具有共同生长基壁的一组单晶集合体，常生长在空隙壁上，如石英晶簇。

隐晶质和非晶质矿物集合体的表面形态不规则，没有固定的形态，从外表分不出单体形态，但有其特殊的组合形态(图1-3)，根据矿物集合体的外形分类，主要有：

鲕状和豆状集合体 由许多鱼子状或豆状的矿物集合而成，它们都具明显的同心层状构造，如鲕状或豆状赤铁矿。

钟乳状集合体 由同一基底向外逐层立体生长而成的呈圆锥形的矿物集合体，其个体内部具有同心层状构造或群体具有放射状构造，如石灰岩溶洞中的石钟乳和石笋均为钟乳状方解石。

葡萄状或肾状集合体 外形呈葡萄状者称葡萄状集合体，如硬锰矿。若外形呈较大的半椭球体，则称肾状集合体，如肾状赤铁矿。

结核体 围绕某一核心(砂粒、碎片等)生长而成球状、凸透镜状或瘤状的矿物集合体，其内部具有同心层状或放射状构造，如钙质结核。

分泌体 岩石中形状不规则或球形的空洞被胶体等物质逐层由外向内充填而成，常呈同心层构造，其平均直径大于1厘米者，叫晶腺，小于1厘米者叫杏仁体，如玛瑙是SiO_2胶体物质在晶腺中周期性扩散所造成的环带。

非晶质或隐晶质矿物的集合体无一定外形，按其紧密程度可分为：

致密块状 如石髓。

疏松土状或粉末状 如高岭土。

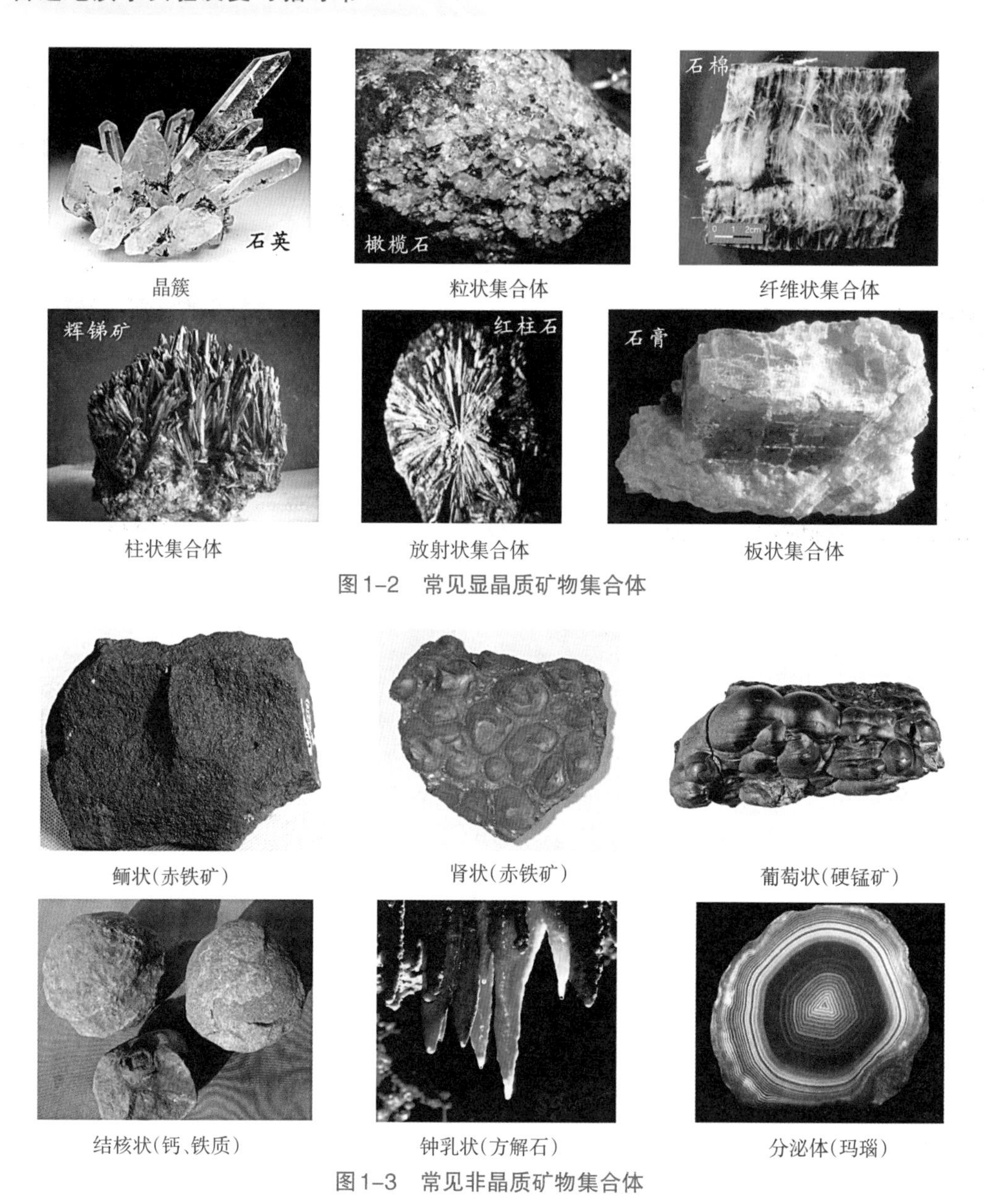

晶簇　粒状集合体　纤维状集合体

柱状集合体　放射状集合体　板状集合体

图1-2　常见显晶质矿物集合体

鲕状（赤铁矿）　肾状（赤铁矿）　葡萄状（硬锰矿）

结核状（钙、铁质）　钟乳状（方解石）　分泌体（玛瑙）

图1-3　常见非晶质矿物集合体

2. 矿物的光学性质

矿物的光学性质是指矿物对光的吸收、折射、反射等性质，包括颜色、条痕、光泽、双折射、透明度等。

(1) 颜色

矿物的颜色是对光线中不同波长光波吸收的结果。如果对各种波长的光吸收是均匀的，则随吸收程度由强变弱而呈黑、灰、白色；如矿物对不同波长的光选择吸收，则出现各种颜色。矿物的颜色与其成分（如色素离子）、内部结构和所含杂质有关。矿物的颜色包括自色、他色和假色。

自色　矿物本身固有的颜色，它主要决定于矿物组成中元素或化合物的某些色素离子，如孔雀石具翠绿色，赤铁矿具樱红色，黄铜矿具铜黄色，方铅矿具铅灰色。

他色　由外来带色杂质的机械混入所染成的颜色，如纯净石英为无色透明，但由于不同杂质混入后可成为紫色（紫水晶）、粉红色（蔷薇石英）、烟灰色（烟水晶）、黑色（墨晶）。

假色　由某些物理原因所引起的，它与矿物本身的化学成分和内部结构无关。如由氧化薄膜所引起的锖色（斑铜矿表面）；由一系列解理裂缝导致光的折射、反射甚至干涉所呈现的色彩（如方解石、白云母等表面常见彩虹般的色带,称晕色);某些矿物(如拉长石)由于晶格内部有定向排列的包裹体,当沿矿物不同方向观察时出现蓝、绿、黄、红等徐徐变幻的色彩(称变彩)等。

矿物的自色一般较均匀,稳定,它代表矿物本身的颜色;他色和假色常在一个矿物中分布不均一,导致矿物表面色彩不同或浓淡不均。观察矿物的颜色时,还应分清风化面和新鲜面,风化面的颜色常常不同于新鲜面的颜色,因为风化作用会使某些色素离子流失,或由于次生矿物的出现而改变颜色。因此,矿物新鲜面的自色才是它固有的颜色。

在实验中,对矿物的颜色描述时,通常采用下列方法:

标准色谱法　如红、橙、黄、绿、青、蓝、紫、黑、白,称为单色命名,但是自然界的矿物多是过渡色,且深浅不一,常加形容词给予表示,如淡黄色。若矿物不具某一标准色,同时具有两种颜色,则将次要的颜色放在前面,主要颜色放在后面,这种方法称复合命名法,如绿帘石为黄绿色,说明此矿物以绿色为主,黄色为次。

比拟法　把矿物和熟知物体的颜色相比较来描述,例如桔黄色,乳白色,烟灰色等。

(2) 条痕

条痕实际上是矿物粉末的颜色。观察方法是把矿物在无釉白瓷板(条痕板)上刻划,观察在条痕板上摩擦留下粉末的颜色。由于条痕色消除了假色的干扰,减弱了他色的影响,突出了自色,因而它比矿物颜色更稳定,更具有鉴定意义。条痕色可能深于、等于或浅于矿物的自色。例如赤铁矿,其颜色可以是铁黑色,也可以是褐红色,但条痕都是樱红色;磁铁矿是铁黑色,但条痕是黑色,可见条痕是鉴定矿物的一个重要标志。

观察条痕时要注意:

① 要在干净、白色未上釉的瓷板上进行,刻划条痕时不要用力过猛,只要留下条痕即可;

② 测定矿物所用的条痕板硬度为6~7度,硬度大于条痕板的矿物一般不留下条痕,需碾成细粉末观察;

③ 浅色矿物的条痕多为浅色、白色,对鉴定矿物意义不大,深色不透明的矿物才能显示明显的条痕色;

④ 在刻划条痕时,要注意用矿物的新鲜面来刻划;

⑤ 当一个标本上有几种矿物共存时,要注意刻准被鉴定的矿物;

⑥ 条痕色的描述方法与颜色相似。

(3) 光泽

所谓光泽是指矿物表面反射光线强弱的性能,它常与矿物的成分和表面性质有关。习惯上按矿物表面的反光程度分为金属光泽和非金属光泽两大类,介于两者之间的称半金属光泽。

金属光泽　矿物反射光能力强,似金属磨光面,如方铅矿、黄铜矿等。

半金属光泽　矿物反射能力较弱,似未磨光的金属表面,如赤铁矿、磁铁矿等。

非金属光泽　包括以下几种:

1) 金刚光泽　非金属光泽中最强的一种,似太阳光照在宝石上产生的光泽,如金刚石;

2) 玻璃光泽　非金属光泽中最常见的一种,矿物反射光能力很弱,具有光滑表面,和平板玻璃相似的光泽,石英晶面、方解石晶面;

3) 油脂光泽　反射光在透明、半透明矿物的不平坦断面上散射成类似动物脂肪光泽,如石英断面;

4) 珍珠光泽　矿物平坦断面上呈现类似蚌壳内壁一样柔和而多彩或珍珠闪烁的光泽,多是平行排列片状矿物的光泽,如云母;

5) 丝绢光泽　纤维状矿物集合体表面所呈现的丝绸状反光,如纤维状石膏;

6) 土状光泽　矿物表面呈细小颗粒状,光洁程度差且反光弱,如高岭石。

观察光泽时要注意对准光线，反复转动标本，注意观察反光最强的矿物小平面(晶面或解理面)，不要求整个标本同时反光都强；还应注意矿物表面特征(如平整和光洁度等)与光泽的关系，不要与矿物的颜色相混。

(4) 双折射

所谓双折射是指光线在某些矿物介质内传播时，在不同方向其折射率不一，产生光程差，观察时可见双影，也称重折射。这对某些矿物具有鉴定意义，如冰洲石(透明方解石)，测定矿物双折射性能时，可以通过把矿物放在线条、图形或字体上观察，如出现双影，则具有双折射(图1－4)。

图1–4　冰洲石的双折射

(5) 透明度

透明度是指矿物透光的程度。一般透明和不透明是相对的，常以厚0.03毫米薄片为标准，按其透光程度进行肉眼观察，将矿物分为三类：

透明矿物　常见的透明矿物有石英、白云母、萤石、板状石膏、橄榄石、水晶、方解石。

半透明矿物　多数非金属矿物属于半透明矿物，如闪锌矿、辰砂等。

不透明矿物　金属矿物大都属于不透明矿物，如磁铁矿、黄铁矿、方铅矿等。

矿物的颜色、条痕、光泽和透明度等光学性质，彼此之间有一定的内在联系，其关系如表1–1所示。

表1–1　矿物的颜色、条痕、透明度和光泽之间的相互关系

<table>
<tr><td>颜　色</td><td>无　色</td><td colspan="3">浅　色</td><td colspan="3">彩　色</td><td>黑色或金属色</td></tr>
<tr><td>条　痕</td><td>无色或白色</td><td colspan="3">浅色或无色</td><td colspan="3">浅色或彩色</td><td>灰黑色、黑色或金属色</td></tr>
<tr><td>透明度</td><td colspan="2">透明</td><td colspan="3">半透明</td><td colspan="3">不透明</td></tr>
<tr><td>光　泽</td><td colspan="3">玻璃光泽—金刚光泽</td><td colspan="3">半金属光泽</td><td colspan="2">金属光泽</td></tr>
<tr><td>矿　物</td><td colspan="4">透明矿物</td><td colspan="4">金属矿物</td></tr>
</table>

四、实验用品

1. 标本

(1) 电气石　$NaR_3Al_6[Si_6O_1](BO_3)_3(OH)_4$

(2) 黄铁矿　FeS_2

(3) 黄铜矿　$CuFeS_2$

(4) 黑云母　$K(Mg,Fe)_3(AlSi_3O_{10})(OH,F)_2$

(5) 白云母　$KAl_2(AlSi_3O_{10})(OH,F)_2$

(6) 钾长石　$K[AlSi_3O_8]$

(7) 磁铁矿　Fe_3O_4

(8) 赤铁矿　Fe_2O_3

(9) 橄榄石　$(Mg,Fe)_2[SiO_4]$

(10) 硅灰石　$Ca_3(Si_3O_9)$

(11) 蛭石　$(Mg,Fe,Al)_3[(Si,Al)_4O_{10}(OH)_2]\cdot 4H_2O$

2. 实验工具

小刀，条痕板(无釉瓷板)，放大镜。

放大镜使用方法　一手持标本，如矿物、岩石或化石等，另一手持放大镜靠近眼部，上下移动标本以调节焦距，直到所观察的对象清晰为止(图1－5)。

图1–5　放大镜使用方法

五、实验报告

观察矿物的形态、颜色、条痕、光泽等特征，将观察结果填入实验一的表格内。

实验一 矿物形态与光学性质

矿物名称	形态		颜色	条痕	光泽	硬度	其他
	单体	集合体					

姓名： 学号： 组号： 时间：

实验二 观察矿物的力学性质和其他性质

一、目的

通过观察和认识矿物的力学性质及其他性质，学习用肉眼初步鉴定矿物的方法。

二、要求

1. 预习矿物的硬度及摩氏硬度计，矿物的物理及其他性质。

2. 严格按照规范使用稀盐酸。

三、实验内容、方法与注意事项

矿物的力学性质是指在外力作用下所表现的物理性质，包括硬度、解理、断口、弹性、挠性和延展性等，矿物还具有一些其他性质，如比重、磁性、发光性及通过人的触觉、味觉、嗅觉等感官感觉出矿物的某些性质。实验时不必对每种矿物都进行全面观察，而视不同矿物特点，通过观察该矿物所特有的性质即可进行鉴定。

1. 硬度

矿物的硬度是指其抵抗外来机械力作用（如刻划、压入、研磨等）的能力。一般通过两种矿物相互刻划比较而得出其相对硬度。通常以摩氏硬度计作标准，它以十种矿物的硬度表示十个相对硬度的等级（图2－1，表2－1）。

图2–1 摩氏硬度计矿物

表2–1 矿物标准硬度计

<table>
<tr><td rowspan="2">摩氏硬度计</td><td>硬度</td><td>1</td><td>2</td><td>3</td><td>4</td><td>5</td><td>6</td><td>7</td><td>8</td><td>9</td><td>10</td></tr>
<tr><td>矿物</td><td>滑石</td><td>石膏</td><td>方解石</td><td>萤石</td><td>磷灰石</td><td>正长石</td><td>石英</td><td>黄玉</td><td>刚玉</td><td>金刚石</td></tr>
<tr><td rowspan="2">简易鉴定法</td><td>代用品</td><td colspan="3">指甲2～2.5；铜钥匙3</td><td colspan="2">小刀5～5.5</td><td colspan="5">玻璃5.5～6；钢刀6～7</td></tr>
<tr><td>等级</td><td colspan="3">低硬度</td><td colspan="2">中硬度</td><td colspan="5">高硬度</td></tr>
</table>

实验时，首先应熟悉摩氏硬度计中的矿物，将其相互刻划了解它们的相对硬度等级，然后用它们刻划其他未知矿物，以便确定未知矿物的硬度等级。还可以采用简易的鉴定法，用指甲和小刀来刻划各种矿物，大致确定其属于硬矿物、软矿物或中等硬度的矿物，一般粗略地划分为三级：低硬度——凡能被指甲刻划的矿物；中硬度——凡不能被指甲所刻划，而能被小刀所划动的矿物；高硬度——凡不能被小刀所刻划的矿物。

测定矿物硬度时，①必须找准测试的对象，当标本上有几种矿物共生时，更应注意以防刻错；②要在矿物的新鲜面（晶面或解理面）上进行，以免刻划在风化面上而降低矿物的硬度；③刻划时要用矿物或代用品的尖端部分，用力要缓而均匀，不要对其刻掘和敲打，刻划时如有打滑感，表明矿物硬度大，若有阻涩感则表明矿物硬度小；④当用摩氏硬度计测试硬度时，应用两种相邻硬度的矿物在需测定的矿物上相互刻划，并注意观察是刻动还是被磨碎，以便分清谁软、谁硬及介于哪两者之间；⑤当矿物脆性大时，应注意脆性与硬度的差异，用小刀、指甲等简易标准物测定矿物硬度时，同样亦应注意上述情况的观察。

2. 解理和断口

矿物受力后沿一定的结晶方向分裂成一系列相互平行且平坦光滑的平面(即解理面)的性质称为解理，沿任意方向发生的不规则破裂面，这种破裂面称断口。

如何寻找解理面　由于实验标本均采自野外，已经过人工敲打，不需要再敲打，以免损坏标本。寻找解理面时，要对准光线反复转动标本，仔细观察，要注意寻找是否有相同方向且相互平行的许多面(线)存在。

解理面与晶面的区别　解理面可以平行晶面，但不等同于晶面，也可以与晶面相交。解理为受力后产生的破裂平面，一般较新鲜、平坦，有较强的反光；而矿物的晶面，常表现出各种花纹或麻点，无明亮的反光，其表面显得黝暗。另外，晶面位于晶体表面并常具有固定的形态，大小相近；解理面可以在同一方向上找到一系列的面，相互平行，大小不一定相等。观察时要注意晶面与解理面的区别(表 2-2)。

表2-2　晶面与解理面的区别

晶面	解理面
晶体外面的一平面，被击破后内部不再出现晶面	晶体内部结构上连结力弱的方向，受力打击后可连续出现互相平行的平面
晶面上一般比较黯淡	解理面上一般比较光亮
晶面一般不太平整，常有凹凸不平的痕迹或各种晶面花纹	解理面比较平整，但可以出现规则的阶梯状解理面或解理纹

解理组数　按解理发生的方向可以划分为若干组，具有一个固定裂开方向的所有解理面称为一组解理，如云母；有两个固定方向的解理面称为两组解理，如钾长石；还可有三组解理存在，如方解石、方铅矿；四组解理，如萤石；六组解理，如闪锌矿(图 2-2)。

注意要点：肉眼观察矿物的解理只能在显晶质矿物中进行。确定解理组数和解理夹角必须在一个矿物单体上观察。

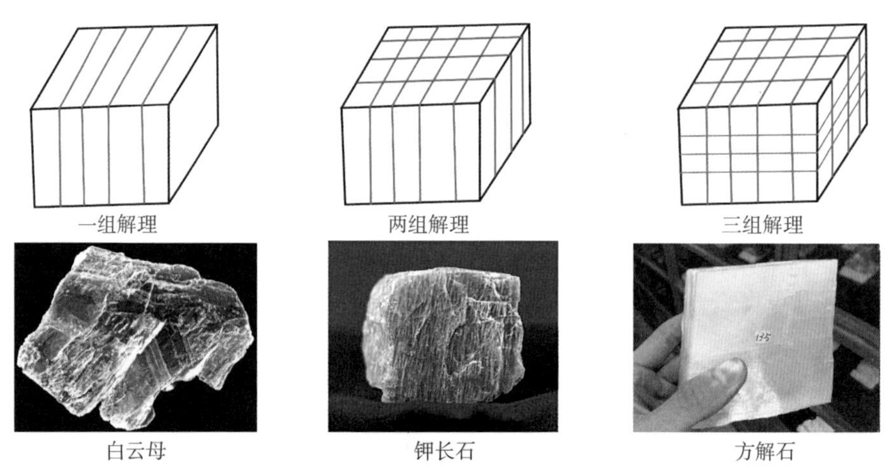

图2-2　矿物的解理组数及矿物标本上的解理

矿物的解理发育程度　矿物的解理按其解理面裂开的难易程度及解理面的完整性可分为四级：

（1）极完全解理　矿物可以剥成很薄的片，解理面极完好且光滑，如云母具有一组极完全解理；

（2）完全解理　矿物受打击后易裂成平滑的面，矿物易成薄板或小块状，如方铅矿、方解石具有三组完全解理；

（3）中等解理　受力裂开的解理面不平整，如正长石有两组解理，其中一组为完全解理，另一组为中等解理；辉石和角闪石具有中等解理；

（4）不完全解理　解理面极不清楚，难以发现，仅大致可见，如磷灰石具一组不完全解理。

断口的描述　无解理者或极不完全解理的矿物，在外力作用下产生断口，断口也有不同的形状，可作为鉴定矿物的辅助依据，常见的断口有（图2－3）：

（1）贝壳状断口　断口有圆滑的凹面或凸面，面上具有同心圆状波纹，形如蚌壳面。如石英就具明显的贝壳状断口。

（2）锯齿状断口　断口似锯齿状，其凸齿和凹齿均比较规整，同方向齿形长短、形状差异并不大。如纤维状石膏断口。

（3）参差状断口　断面粗糙不平，有的如折断的树木茎干。如黄铁矿、磁铁矿断口。

（4）土状断口　其断面平滑，但断口不规整。如高岭石。

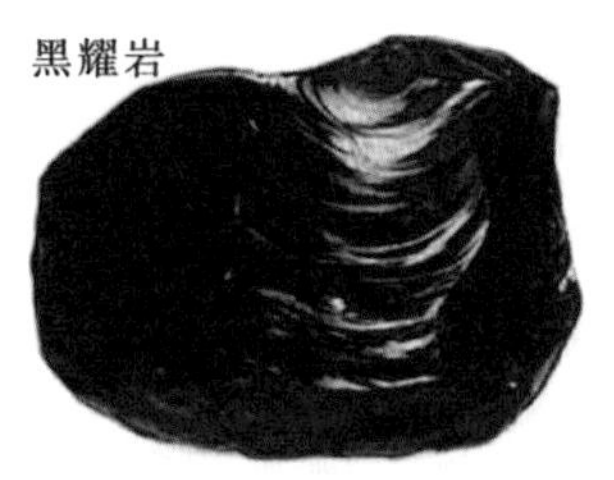

贝壳状断口

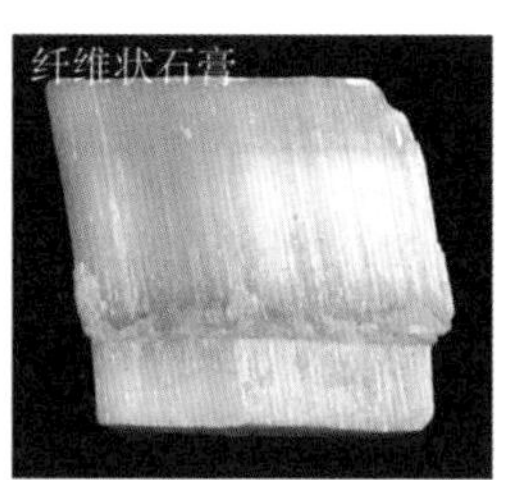

锯齿状断口

参差状断口

土状断口

图2–3　常见矿物断口

断口与解理的关系　解理和断口互为消长关系，即解理发育者，断口不发育，如云母、方解石、萤石、方铅矿等；相反，不显解理者，断口发育，如石榴子石、石英、橄榄石等。但有些矿物解理与断口共存，各有其不同的发育方向，即沿某一方向的解理与沿任意方向的断口同时出现，如钾长石和斜长石等。

3. 弹性与挠性

某些片状或纤维状矿物，在外力作用下发生弯曲，当去掉外力后能恢复原状的性质称弹性（如云母）；不能恢复原状的性质称挠性（如蛭石和绿泥石）。

4. 延展性

矿物能被锤击成薄片状或拉成细丝的性质称延展性。如自然金、自然银、自然铜等具此性质。

5. 矿物的其他性质

（1）比重

矿物的重量与4 ℃时同体积水的重量比值，称为矿物的比重。通常用手估量就能分出轻重来，或者用体积相仿的不同矿物进行对比来确定，实验时只需把特别重的矿物（如方铅矿 7.4~7.6g/cm^3、重晶石 4.3~4.7 g/cm^3）和特别轻的矿物（自然硫 2.05~2.08 g/cm^3、石膏 2.3 g/cm^3）记住即可，即所谓重矿物和轻矿物。

（2）磁性

矿物能被磁铁吸引或本身能吸引铁屑的能力，称为磁性。如磁铁矿具强磁性，铬铁矿具弱磁性。实验时，可用磁铁或磁铁矿粉末吸引进行测试。

(3)化学反应

碳酸盐矿物与稀盐酸反应,剧烈冒泡者为方解石,弱冒泡者为白云石。

(4)发光性

矿物在外来能量的激发下,能发出某种可见光的性质,称发光性。如萤石、白钨矿在紫外线照射时均显萤光。

(5)通过人的感官所能感觉到的某些性质

滑石和石膏的滑感;食盐的咸味;燃烧硫磺、黄铁矿、雌黄和雄黄时产生的臭味等。

四、实验用品

1. 标本

(1) 方铅矿 PbS

(2) 方解石 $CaCO_3$

(3) 重晶石 $BaSO_4$

(4) 石英 SiO_2

(5) 纤维状石膏 $CaSO_4 \cdot 2H_2O$

(6) 高岭石 $Al_4[Si_4O_{10}](OH)_8$

(7) 普通角闪石 $(Ca,Na)_{2-3}(Mg,Fe,Al)_5[Si_6(Si,Al)_2O_{22}](OH,F)_2$

(8) 普通辉石 $(Ca,Mg,Fe,Al)_2[(Si,Al)_2O_6]$

(9) 孔雀石 $Cu_2[CO_3](OH)_2$

(10) 褐铁矿 $Fe_2O_3 \cdot nH_2O$

2. 工具

小刀,条痕板,放大镜,磁铁,稀盐酸。

五、实验报告

描述本次实验矿物的形态、光学性质、力学性质和其他性质,并填入实验二表格中。

实验二　矿物力学性质及其他性质

矿物名称	形态	颜色	条痕	光泽	硬度	解理或断口	其他

姓名：　　　　学号：　　　　组号：　　　　时间：

实验三 认识常见矿物

一、目的和要求

结合前两次实验和《普通地质学》(舒良树,2010)第2章相关内容,依据矿物的物理性质,独立观察和鉴定常见矿物。

二、实验用品

1. 标本

(1) 闪锌矿 ZnS

(2) 白云石 $CaMg(CO_3)_2$

(3) 石榴子石 $X_3Y_2[SiO_4]_3$(其中X代表 Ca^{2+}、Mg^{2+}、Mn^{2+}、Fe^{2+}等,Y代表 Al^{3+}、Fe^{3+}、Cr^{3+}等)

(4) 软锰矿 MnO_2

(5) 斜长石 $Na[AlSi_3O_8]+Ca[Al_2Si_2O_8]$

(6) 硬石膏 $CaSO_4$

(7) 蛇纹石 $Mg_6[Si_4O_{10}](OH)_8$

(8) 磷灰石 $Ca_5[PO_4]_3(F,Cl,OH)$

(9) 绿泥石 $(Mg,Al,Fe)_6[(Si,Al)_4O_{10}](OH)_8$

2. 工具

小刀,条痕板,放大镜,磁铁,稀盐酸。

三、思考题

1. 凡是矿物都是晶体吗?为什么?
2. 认识矿物,应从哪些物理性质考虑?
3. 无色透明矿物可显深色条痕吗?
4. 鉴别下列每组矿物

(1)石英、斜长石;(2)方解石、白云石、硬石膏;(3)闪锌矿、软锰矿、方铅矿;(4)普通辉石、普通角闪石;(5)绿泥石、蛇纹石;(6)钾长石、斜长石;(7)石英、方解石、重晶石;(8)黑云母、白云母、绿泥石、蛭石;(9)磁铁矿、赤铁矿;(10)黄铁矿、黄铜矿;(11)石膏、硬石膏;(12)橄榄石、石榴子石;(13)萤石、方解石

四、实验报告

描述本次实验矿物的形态、光学性质、力学性质和其他性质,并填入实验三表格中。

实验三　认识常见矿物

矿物名称	形态	颜色	条痕	光泽	硬度	解理或断口	其他

姓名：　　　　学号：　　　　组号：　　　　时间：

§2 岩 石

实验四　认识常见火成岩

一、目的

1. 通过观察火成岩的主要代表岩石，学习肉眼鉴定火成岩的方法。

2. 了解和熟悉火成岩的结构、构造及它们与岩浆侵入作用和喷出作用的关系。

二、要求

1. 复习火成岩的结构和构造概念，火成岩的分类依据及其主要代表性岩石。

2. 了解观察火成岩的一般方法，分析火成岩的矿物成分、结构、构造特点及其与岩浆性质、形成条件之间的关系。

三、实验内容与方法

1. 火成岩的分类

火成岩是由熔融的岩浆冷却而成，因此，岩浆的成分与冷却环境就成为火成岩分类的依据（表4－1）。

表4-1　火成岩分类简表

岩石类型		超基性岩	基性岩	中性岩	酸性岩
SiO_2含量(%)		<45	45～52	53～65	>65
主要矿物		橄榄石、辉石	斜长石、辉石、少量角闪石	斜长石、角闪石、黑云母	钾长石、斜长石、石英、黑云母
颜色		暗绿～黑绿色	深灰～灰黑色	灰白～灰色	灰白～肉红色
喷出岩	隐晶质、斑状、玻璃质结构；气孔、杏仁、流纹构造	科马提岩	玄武岩	安山岩	流纹岩
浅成岩	全晶质、似斑状结构；块状构造	苦橄玢岩	辉绿岩	闪长玢岩	花岗斑岩
深成岩	全晶质、等粒结构；块状构造	橄榄岩、辉石岩	辉长岩	闪长岩	花岗岩

火山碎屑岩：火山碎屑物质堆积后固结形成的岩石；凝灰岩：火山灰组成；火山角砾岩：火山砾、火山渣组成；浮岩：含大量气孔。

2. 火成岩的颜色

火成岩的颜色是指外表显示的总体颜色，而不是单个矿物的颜色，它往往反映了火成岩的矿物成分或化学成分的变化。因而观察岩石颜色时，应把标本放在稍远处，看它总体颜色。从超基性岩—基性岩—中性岩—酸性岩，颜色一般由深变浅，即暗色矿物含量逐渐减少，浅色矿物含量逐渐增多。

颜色由深变浅通常描述为：黑色、绿黑色、灰黑色、深灰色、灰色、灰绿色、暗红色、浅红色、灰白色和肉红色等。

3. 火成岩的结构

火成岩的结构是指岩石中矿物的结晶程度、颗粒的形状与大小及矿物间的相互关系。火成岩的结构与其结晶时的温度、深度及冷却速度等环境有关，反映形成于不同环境的火成岩类型，即深成岩、浅成岩及喷出岩，所以对火成岩结构的观察具有重要意义。

（1）按矿物的结晶程度

分为全晶质结构和非晶质结构，全晶质包括显晶质和隐晶质结构。其特征与形成条件见表4-2。

表4-2 全晶质结构和非晶质结构

	全晶质		非晶质（玻璃质）
	显晶质	隐晶质	
特征	岩石由全部结晶的矿物组成，用肉眼（包括放大镜）能分辨出矿物颗粒，0.1mm以上肉眼可辨	岩石由全部结晶的矿物组成，显微镜下能分辨出矿物颗粒，肉眼仅有模糊的粗糙感觉	岩石中的矿物未结晶，肉眼和镜下均不能分辨出矿物颗粒，质地细腻，常具贝壳状断口
形成条件	深成、浅成或喷出均可形成全晶质。显晶质者属侵入作用形成	隐晶质者多在喷出环境中迅速冷凝而成，或近地表形成	熔岩流快速冷凝形成，各种矿物来不及结晶就凝固了
区别	岩石断面粗糙，矿物颗粒清楚，能在标本中定出矿物成分	岩石断面平整，矿物颗粒不明显，在标本中不能定出矿物成分	岩石断面光滑，常见贝壳状断口，断面呈玻璃光泽或油脂光泽

（2）按矿物颗粒的相对大小

分为等粒结构和不等粒结构，不等粒结构又包括连续不等粒结构、斑状结构和似斑状结构。其特征与形成条件见表4-3。

表4-3 等粒结构和不等粒结构

	等粒结构	连续不等粒结构	斑状结构	似斑状结构
特征	岩石中同类矿物颗粒大小大致相等	同种矿物颗粒大小成一定次序逐渐变化	岩石由两类大小悬殊的矿物颗粒所组成，大的称斑晶，小的称基质，基质由隐晶质或玻璃质组成（图4-1）	岩石由斑晶和基质组成，但两者均为显晶质（图4-1）
形成条件	地下深处缓慢冷凝而成，是侵入作用的产物	分别在不同深度逐渐冷却而成，是侵入作用的产物	斑晶在深处结晶形成，基质在浅处或地表快速冷凝而成，是浅成岩和火山岩常见的结构	斑晶在深处缓慢结晶而成，基质形成于较浅处，且较迅速结晶。但均属于侵入产物

斑状结构

似斑状结构（舒良树摄）

图4-1 斑状和似斑状结构

（3）按矿物颗粒的绝对大小

分为粗粒结构（粒径＞5mm）、中粒结构（粒径1～5mm）和细粒结构（粒径0.1～1mm）。其中粗粒结构由缓慢结晶而成，一般为深成侵入作用的产物；中粒结构由较缓慢结晶而成；细粒结构由近地表浅处较快结晶所成。

(4)火山碎屑岩结构

火山碎屑岩是介于岩浆岩和沉积岩之间的过渡类型岩石。火山碎屑岩主要是早期凝固的熔岩、火山通道周围在火山喷发时被炸裂的岩石组成的。碎屑包括岩屑、晶屑、玻璃质屑、火山块、火山砾和火山灰等，碎屑呈尖角或棱角状，以压实胶结为主。根据碎屑粒径大小分为凝灰结构、火山角砾结构和集块结构，见表4–4。

表4–4　火山碎屑岩结构

结　构	特　　征
凝灰结构	粒径小于2mm，火山碎屑物含量超过75%，被细小的火山碎屑物胶结而成，是凝灰岩的典型结构
火山角砾结构	粒径为2～64mm，火山碎屑物含量超过75%，被细小的火山碎屑物胶结而成
集块结构	粒径大于64mm，火山碎屑物含量超过50%，被细小的火山碎屑物胶结而成

4. 火成岩的构造

火成岩的构造是指组成岩石的矿物集合体形态、排列特点及其相互关系等所展示出来的总体外貌特征，它是火成岩形成条件与环境的反映。

(1)块状构造　矿物在岩石中排列无次序，分布均匀，固结紧密。这种构造往往为深成岩所具有，为地下缓慢冷却而成，如花岗岩常具块状构造，不局限于侵入岩，变质岩也可具块状构造，如大理岩。

(2)流纹构造　岩石中不同颜色、成分条带、拉长的气孔相互平行定向排列，气孔的拉长方向往往代表熔岩流动方向。岩浆喷出地表，在流动过程中迅速冷却而成(图4－2)。

(3)气孔构造和杏仁构造　岩石中具有圆形、椭圆形、长管形等孔洞，其余部分多为隐晶质或玻璃质结构。富含气体的岩浆喷出地表时，由于压力降低、气体膨胀，原先熔解在岩浆中的气体逸出或成气泡保存于冷凝过程的岩石中，浮岩和火山渣的气孔构造最为发育，玄武岩中也常见到。当气孔被后期形成的钙质或硅质矿物所充填时，称为杏仁构造(图4－3)。

图4–2　流纹构造(流纹岩)

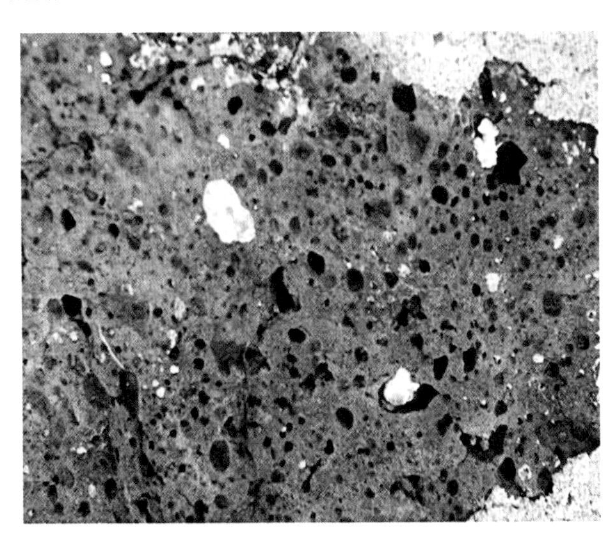

图4–3　玄武岩气孔/杏仁构造

(4)层状构造　岩石具有成层性状，它是多次喷出的熔岩或火山碎屑岩逐层叠置的结果。

(5)枕状构造　由外形似枕状的熔岩聚集而成，枕体多为上凸、下凹或下平，外壳多为玻璃质，向内渐为显晶质，具放射状或同心圆状龟裂缝。多为基性岩浆在水下喷发时，边滚动边迅速冷却收缩而成(图4－4)。

注意：观察中不要将岩石的结构和构造弄混淆了，记住结构是指矿物的个体特征，构造是指岩石中矿物的组合特征。

图4-4 玄武岩枕状构造

5. 火成岩的主要矿物成分

组成火成岩的主要矿物可分为铁镁矿物和硅铝矿物两大类：

（1）铁镁矿物　是指富镁、铁、钛、铬的硅酸盐矿物，其中SiO_2的含量相对较低，包括橄榄石、辉石、角闪石和黑云母等，这些矿物颜色较深，故又称深色或暗色矿物。

（2）硅铝矿物　是指富钾、钠、钙的铝硅酸盐矿物，包括钾长石、斜长石和石英等，由于它们颜色较浅，又可称为浅色矿物。

在鉴别矿物时，特别要注意辉石与角闪石、斜长石与钾长石的区别，还要注意判别石英的有无及含量。下面列出火成岩中几种主要造岩矿物：

★石英　常无固定形态，属他形粒状晶体，一般呈白色或浅灰色，硬度大于小刀，无解理而呈不平坦断口，断口油脂光泽，常与钾长石、白云母共生。

★钾长石　多呈浅肉红色，宽板状，有两组夹角近直角的完全解理，玻璃光泽，有时可见半明半暗的卡斯巴双晶，风化后呈白色土状粉末，即高岭石，多与云母、石英共生。

★斜长石　一般为灰白色，窄板状，板柱状晶粒，硬度大于小刀，有两组解理，解理面上常有平行的直的细纹（可与钾长石区别），玻璃光泽，有时可见明暗相间的聚片双晶，多与角闪石或石英共生。

★辉石、角闪石　辉石一般呈粒状、短柱状，断面近似正方形或圆形，常与橄榄石、斜长石共生，多出现在超基性与基性岩中。角闪石则呈长柱状，断面近似菱形或椭圆形，常与石英、钾长石、黑云母共生，多出现于中酸性岩中。

★白云母、黑云母　均为片状、板状，但前者为白色或无色，后者为黑色。

★橄榄石　常为黄绿、黄或黑绿色，粒状集合体，无解理，贝壳状断口，晶面玻璃光泽，断口油脂光泽，硬度大于小刀，风化后常呈褐色（褐铁矿）或红色（伊丁石），不与石英共生，与辉石共生。

6. 肉眼鉴定火成岩的方法

主要是从岩石的颜色、矿物成分、结构和构造四个方面进行，一般判别方法：

◆ 深成岩　全晶质，等粒结构，块状构造。

◆ 浅成岩　全晶质，似斑状结构，块状构造。

◆ 喷出岩　隐晶质、斑状、玻璃质结构，气孔、流纹、杏仁构造。

具体鉴定步骤如下：

（1）首先观察岩石的颜色和成分，确定大类

火成岩的颜色主要取决于岩石中SiO_2含量多少，一般SiO_2含量多，浅色矿物多，岩石呈现白色、浅灰色、肉红色等浅色；SiO_2含量少时，暗色矿物多，岩石呈深灰、绿、黑色等深色。成分包括主要矿物和标志性矿物，如指示基性、超基性的橄榄石，指示酸性的石英。因此根据岩石颜色和主要矿物成分，可划分出岩浆岩的大类，即酸性岩、中性岩、基性岩和超基性岩。

观察岩浆岩的颜色时宜远观，看其总体色调，同时要把岩石新鲜面的颜色和岩石风化面的颜色区分开来。

需要注意的是非晶质的喷出岩则不能用岩石的颜色来定岩石的酸性、中性和基性，如黑耀岩为酸性，但为黑色。

(2) 再根据结构、构造,确定其基本名称

火成岩的结构、构造反映其形成时的环境,由此确定它属于深成岩、浅成岩,还是喷出岩。按火成岩分类简表(表4–1)上纵横栏交会即可初步确定出岩石的名称。

(3) 最后根据主要矿物和次要矿物及其百分含量确定详细名称

例如,某岩石具有较浅的颜色,含大量石英与钾长石。首先确定它属于酸性岩类;再根据其为全晶质中粒结构和块状构造,说明它形成于较深的环境中,属于侵入岩,应属于花岗岩类;最后依据其主要矿物为石英和钾长石,次要矿物为白云母,因而定名为白云母钾长花岗岩,如果次要矿物为角闪石则可定名为角闪花岗岩。

石英是酸性岩的典型代表性矿物,没有石英不能称酸性岩,因此详细定名时不必用它来作修饰性术语。

7. 思考题

1. 火成岩结构、构造和形成环境之间有何联系?
2. 如何区分斑状结构和似斑状结构?
3. 哪些火成岩的构造指示岩浆的流动方向?
4. 为何深成岩比浅成岩结晶程度好?
5. 气孔构造、流纹构造为何仅见于喷出岩中?

四、实验用品

1. 标本

(1)玄武岩;(2)辉长岩;(3)安山岩;(4)闪长岩;(5)流纹岩;(6)伟晶花岗岩;(7)纹象花岗岩;(8)角闪黑云花岗;(9)橄榄岩;(10)凝灰岩;(11)火山角砾岩;(12)浮岩

2. 工具

小刀、放大镜、稀盐酸、条痕板等。

五、实验报告

描述常见火成岩的颜色、结构、构造、矿物名称和含量,并填入实验四表格中。

实验四　火成岩鉴定表

岩石名称	颜色	结构			构造特征	主要矿物成分含量（%）	其他
		按结晶程度	按绝对大小	按相对大小			

姓名：　　　　学号：　　　　组号：　　　　时间：

实验五 认识常见沉积岩

一、目的

通过对沉积岩特征的观察，认识一些常见的沉积岩，加深对沉积作用的理解。

二、要求

1. 在教师指导下学习沉积岩的肉眼鉴定方法，观察沉积岩的一般特征。

2. 认识几种常见沉积岩的结构与构造。

3. 认真描述各类沉积岩的代表性岩石，将观察结果填写在实验报告表中。

三、实验内容与方法

1. 沉积岩的颜色

沉积岩颜色往往反映了岩石的成分和生成的环境，根据沉积岩的颜色可以大致判断其沉积环境和矿物组成。

★ 白色的沉积岩多由纯净的高岭土、石英、盐类等成分组成；

★ 深灰色到黑色一般说明岩石中含有有机质成分或分散状硫化铁等杂质，是在还原环境下生成的岩石；

★ 肉红色或深红色的岩石可能含有较多的钾长石或氧化铁，含三价铁氧化物的沉积岩是在氧化环境下生成；

★ 含二价铁的硅酸盐组成绿色沉积岩，代表弱氧化或弱还原条件。

2. 沉积岩的结构

沉积岩的结构是指构成岩石颗粒的大小、形态及相互关系。它在一定程度上反映了沉积岩的成因，是沉积岩的重要鉴定标志，也是分类命名的主要依据。一般可分为碎屑结构和非碎屑结构两种类型。

(1) 碎屑结构

岩石中颗粒是机械沉积的碎屑物，碎屑物可以是岩石碎屑（岩屑）、矿物碎屑（如长石、石英、白云母）、生物碎屑及火山碎屑等。

☆ 按照碎屑粒径大小分为

砾状结构：粒径 > 2mm

砂状结构：粒径 2 ~ 0.05mm

粉砂状结构：粒径 0.05 ~ 0.005mm

泥质结构：粒径 < 0.005mm

☆ 根据碎屑颗粒棱角的磨损度（即磨圆度）可分为四个等级（图 5–1）

圆形：棱角全部被磨损并圆化

次圆形：棱角大部分被磨损

次棱角形：棱角部分被磨损

棱角形：棱角完全未被磨损

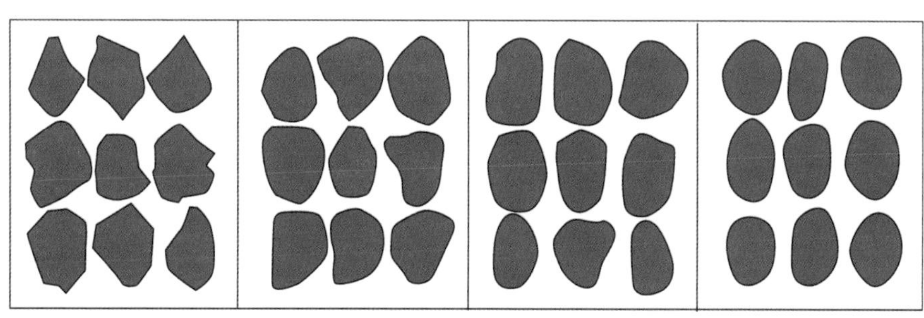

图 5–1 碎屑的磨圆度

☆ 根据碎屑颗粒的分选性可划分为三个等级(图5－2)

分选良好:颗粒大小均一

分选差:颗粒大小悬殊

分选中差:介于分选良好和差两者之间

分选差

砂岩

分选良好

图5-2　碎屑的分选性

☆ 碎屑结构的组成

碎屑岩
- 碎屑:主要为岩屑、矿物碎屑、生物碎屑及火山碎屑
- 基质/杂基:碎屑之间细小充填物,主要为砂、细砂、粉砂、生物及火山碎屑等
- 胶结物:化学沉积,颗粒细小,不易识别,分为硅质、铁质、钙质和泥质等

胶结类型
- 基底式:胶结物较多,碎屑较少,使得每个颗粒完全被胶结物包围
- 接触式:碎屑较多,胶结物极少,碎屑颗粒互相接触,仅在各颗粒的接触处才有胶结物
- 孔隙式:介于两者之间,碎屑颗粒紧密相连,胶结物较少,胶结物充填于碎屑颗粒的孔隙之中

☆ 火山碎屑结构

岩石中火山碎屑物的含量达到90%以上,为正常火山碎屑岩的特有结构。又可分为集块结构(＞64mm)、火山角砾结构(64～2mm)和凝灰结构(＜2mm)。

(2) 非碎屑结构

岩石中的颗粒由化学沉积作用或生物化学沉积作用形成,其中大多数为晶质或隐晶质,少数为非晶质或凝聚的颗粒状结构。非碎屑结构可分为

★ 晶粒结构

岩石中的矿物是从胶体溶液或真溶液中以化学方式沉淀结晶而成,由近等大的沉积晶体组成,如灰岩由方解石晶体组成。按结晶颗粒大小可分为显晶和隐晶,显晶又可分为粗晶(＞2mm)、中晶(2～0.5mm)、细晶(0.5～0.01mm)和微晶(＜0.01mm)。

★ 致密结构

隐晶和微晶颗粒细小,肉眼无法分辨,称为致密结构,如硅质岩。

★ 生物结构

岩石主要由丰富的生物化石碎屑组成,一般为30%以上,常见于灰岩及硅质岩中。

☆ 石灰岩的结构

石灰岩有颗粒结构和非颗粒结构两种。

(1)颗粒结构的石灰岩　成分皆为$CaCO_3$,主要有内碎屑、生物碎屑、球粒、团块、鲕粒、豆粒等。如内碎屑灰岩、竹叶状灰岩、生物碎屑灰岩、鲕粒灰岩等。

(2)非颗粒结构的石灰岩　颗粒细微,致密,方解石微粒是由生物化学作用等方式形成的。如泥晶灰岩、礁灰岩等。

3. 沉积岩的构造

沉积岩的构造是指岩石各个组成部分的空间分布和排列形式。在沉积物沉积及固结成岩过程中所形成的构造,称为沉积岩的原生构造,可以确定沉积介质的流动状态,有助于分析沉积环境,有时还可以帮助确定地层的顶底层序。

(1)层理构造

层理构造是沉积岩的一个重要标志,它是由组成岩石的物质成分、颗粒大小或颜色等方面的变化,在垂直方向上显示出来的成层现象。按层理形态可分为水平层理、波状层理、交错层理、粒序层理(递变层理)等类型(图5-3)。

水平层理

交错层理

递变层理

图5-3　沉积岩的层理构造

(2) 层面构造

沉积岩的另一个重要标志是具有层面构造,如波痕、泥裂、印模、冲刷、荷重、雨痕、冰雹痕等。此外,还有缝合线、结核及化石等,这些构造均为沉积岩的原生构造。

4. 思考题

1. 组成沉积岩的常见矿物有哪些?
2. 何为碎屑岩? 有哪些基本类型? 各有何特点?
3. 如何区分灰岩与白云岩,石英砂岩与花岗岩?

四、实验用品

1. 标本

(1)砾岩;(2)石英砂砾岩;(3)长石砂岩;(4)粉砂岩;(5)碳质页岩;(6)硅质岩;(7)灰岩;(8)砾屑灰岩;(9)鲕粒灰岩;(10)竹叶状灰岩;(11)白云岩

2. 工具

小刀、放大镜,稀盐酸。

五、实验报告

写出本次实验沉积岩的颜色、结构、构造、成分、含量等,并填入实验五表格中。

实验五 沉积岩鉴定表

岩石名称	颜色	结构			构造特征	碎屑岩成分（砾岩）			其他
		碎屑大小	磨圆度	分选性		碎屑成分及含量	填隙物成分	胶结物成分	

姓名： 学号： 组号： 时间：

实验六 认识常见变质岩

一、目的

通过实验了解变质岩的主要特征，认识几种常见变质矿物和变质岩，加深对变质作用的了解。

二、要求

1. 预习变质岩的概念、变质矿物、变质岩的结构和构造，掌握变质岩的分类等知识。

2. 观察和认识几种常见的变质岩。

三、实验内容与方法

1. 变质岩的结构

火成岩和沉积岩的结构通过变质作用可以完全消失或部分消失，形成变质岩特有的结构。变质岩的结构主要有以下四大类型：

(1)变余结构：低级变质，残留原岩的结构。

★ 变余斑状结构：原岩为具有斑状结构的火成岩；

★ 变余砾状结构：原岩为具有砾状结构的沉积岩；

★ 变余砂状结构：原岩为具有砂状结构的沉积岩。

(2)变晶结构：高级变质，原岩发生重结晶，产生了新矿物，变质形成矿物晶粒称为变晶，根据变晶的形态分为：

★ 粒状变晶结构：变晶为石英、长石、方解石等粒状矿物；

★ 鳞片状变晶结构：变晶为云母、绿泥石等鳞片状矿物，常平行定向排列；

★ 纤维状变晶结构：变晶为阳起石、硅灰石、红柱石等长条状、针状、纤维状等矿物，可平行排列，放射状、束状排列，也有不规则状。

(3)交代结构：在交代作用过程中形成，原岩中原有的矿物被分解消失，形成新矿物。其特征是，在形成过程中有物质成分的加入和带出，既可以置换原有的矿物，保持原有矿物的晶形，又可以由交代方式形成新矿物。根据形态不同可分为交代残留结构、交代斑状结构等。一般要在显微镜下才能看清，主要发育于高级变质岩和混合岩中。

(4)碎裂结构：又称压碎结构，是动力变质岩的一种结构。岩石受定向压力作用下，矿物颗粒破碎成外形不规则的棱角状碎屑，按破裂程度可分为碎裂结构、碎斑结构、碎粒结构等。

2. 变质岩的构造

变质岩的构造按成因可分变余构造、变成构造和混合岩构造三大类型，还可以再划分为若干次级类型。

(1)变余构造：变质岩中残余原岩的构造，属于低级变质。观察时注意岩石中有无层理、气孔等。

★ 变余层理构造：具有沉积岩的层理特征，成层性明显，原岩是沉积岩。

★ 变余气孔(杏仁)构造：原岩为火山岩，具有气孔或杏仁构造。

★ 变余流纹构造：不同颜色、拉长的气孔和矿物等定向排列，原岩为火山岩。

(2)变成构造：指变质过程中形成的新构造，原岩构造(如层理)消失，按变质程度由低到高分为以下类型。

★ 斑点状构造：某些组分集中成为斑点，斑点成分为炭质、硅质、铁质、云母或红柱石，基质为隐晶质，为较低变质温度下物质成分发生迁移并重新组合而成，如温度继续升高斑点可转变为变斑晶。

★ 片理构造：板状矿物、片状矿物和柱状矿物在定向压力作用下，发生平行排列而形成的构造，又可分为板状构造、千枚状构造、片状构造和片麻状构造。片理构造是区分变质岩与岩浆岩、沉积岩的重要特征。

①板状构造:具平行密集而平坦的破裂面,易分裂成薄板,如板岩。

②千枚状构造:结晶程度较板状构造强,但肉眼尚不能分辨矿物颗粒,裂开面比较密集,不平整,表面有皱纹,并有强烈丝绢光泽,片理发育高于板状,千片之意,如千枚岩。

③片状构造:片理面上可见云母、绿泥石或闪石类片状或柱状矿物定向排列,如黑云母片岩。

④片麻构造:以长英质粒状矿物(石英、钾长石、斜长石等)为主,部分成定向排列的片状或柱状矿物呈断续分布状态,如片麻岩。

★ 块状构造:矿物均匀分布,无定向排列,也不能定向裂开,矿物呈粒状晶质结构。如麻粒岩、大理岩、石英岩等。

(3) 混合岩的构造

混合岩是介于变质岩和岩浆岩之间的过渡性岩类,由基体和脉体两个部分组成。脉体是在变质过程中,因外来成分的加入或原来岩石局部重熔形成,矿物成分为石英、长石,颜色较浅。基体由原岩变质作用形成,为变质程度较高的各种片岩、片麻岩,颜色较深。观察混合岩的构造时,应首先分清脉体与基体,然后再观察它们的排列方式,定出其构造类型。

★ 条带状构造:脉体与基体呈条带状相间出现,界线清楚,条带宽度不一,是混合岩中常见的构造,如条带状混合岩。

★ 肠状构造:长英质脉体呈复杂的肠状揉皱,如肠状混合岩。

★ 眼球状构造:长英质矿物沿片理或片麻理呈团块状出现,似眼球形状,大小不一,断续分布,如眼球状混合岩。

3. 变质岩中的矿物

组成变质岩的矿物可分为两类:一类是与火成岩、沉积岩共有的矿物,如石英、黑(白)云母、斜(钾)长石、角闪石、辉石等;另一类则是变质岩特有的矿物,如石榴子石、绢云母、滑石、石墨、红柱石、蓝晶石、硅线石、硅灰石、阳起石、蛇纹石、绿泥石等。变质矿物不仅是变质岩的标志性矿物,而且对恢复原岩的成分和变质环境有重要的意义。

要注意一定种类的变质矿物和岩石类型的相关性,如方解石多出现在大理岩中;石榴子石多出现于片岩和矽卡岩中;红柱石多出现于角岩和片岩中;绢云母多出现于片岩、千枚岩、板岩及变质砂岩中。

4. 思考题

1. 什么是变质岩特征矿物? 试举例说明。
2. 板岩、千枚岩、片岩有何主要区别?
3. 如何区别石英岩与大理岩?
4. 三大类岩石的结构、构造有何特点?

四、实验用品

1. 标本

(1)角页岩;(2)石榴石矽卡岩;(3)绿帘石大理岩;(4)板岩;(5)绢云母千枚岩;(6)黑云母片岩;(7)片麻岩;(8)肠状混合岩;(9)条带状混合岩;(10)榴辉岩

2. 工具

小刀、放大镜,稀盐酸。

五、实验报告

描述本次实验中变质岩的颜色、结构、构造、成分、含量等,并填入实验六表格中。

实验六　变质岩鉴定表

岩石名称	颜色	结构	构造	主要变质矿物	次要变质矿物	其他

姓名：　　　　　　学号：　　　　　　组号：　　　　　　时间：

§3 地层与古生物

实验七　认识常见的化石

一、目的

1. 了解化石肉眼鉴定的一般步骤。

2. 初步认识几种重要门类化石的形态特征，为野外实习奠定基础。

二、要点

1. 预习化石、标准化石、生物层序律、相对地质年代等概念。

2. 了解有关地质历史中生物的发展与演化。

三、实验内容、方法与注意事项

（一）化石的概念

埋藏在地层中的古代生物遗体或遗迹，称为化石。

标准化石是指能确定地层地质年代的化石。它应具备时限短、演化快、地理分布广泛、特征显著等条件。例如三叶虫是早古生代的重要标准化石。

（二）重要化石门类的简介

1. 三叶虫类

三叶虫属节肢动物门，以浅海底栖生物为主或行动缓慢游泳，寒武纪时期最盛，奥陶纪次之，到志留纪时期逐渐衰退，古生代末即已灭绝。

三叶虫背甲纵向分头甲、胸甲与尾甲三部分；横向又被两条背沟分为中轴叶与两侧肋叶三部分，故称"三叶虫"（图7-1）。

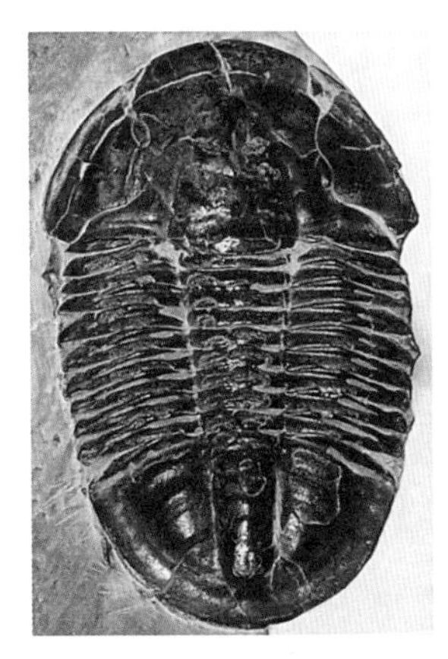

图7-1　三叶虫化石

2. 腕足类

腕足类属腕足动物门，底栖生物固着于海底生活，多生存于温度和盐度皆正常的浅海环境，故常与珊瑚和软体动物共生。从寒武纪到现在都有，但以古生代最为繁盛，属于古生代的标准化石。

腕足类的两壳大小不等、不对称，大者称腹壳，小者称背壳，但每一壳左右对称。壳面有放射状或同心状的饰纹，有时具有壳刺(图7－2)。

图7-2 腕足类化石

3. 双壳类

又名瓣鳃类，属软体动物门，绝大部分海生，少数在淡水中生活，以移动底栖为主。生长时间长，从寒武纪到现在都有，蚌、蛤均属此类。

双壳类具有大小相等并对称的两壳，但每个壳前后两侧不对称(图7－3)。

图7-3 双壳类化石

4. 头足类

头足类属于软体动物门，是海生自游或移动底栖生物，身体左右对称，有明显的头部，在口的周围有很多触手，用以捕捉食物、运动与栖息，故称"头足类"。自晚寒武世出现，至今还有少数代表存在，现代乌贼、章鱼即是。鹦鹉螺类开始出现于晚寒武世，繁盛于奥陶纪；菊石类生存于早泥盆世—晚白垩世，中生代繁盛。

头足类壳体大小差别很大，壳形多变，有锥形、弯曲、平旋、半包旋和包旋等(图7－4)。

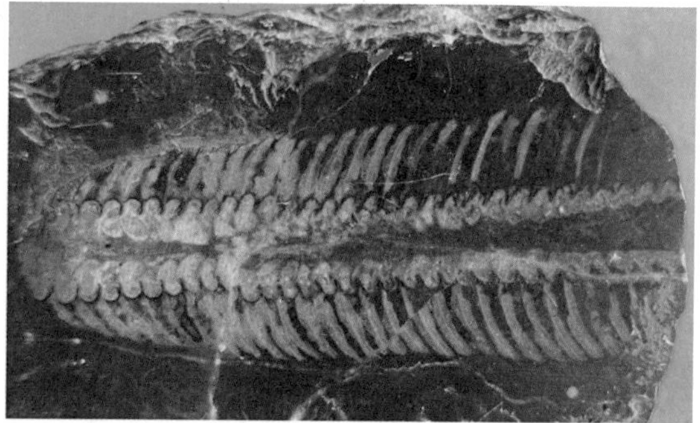

图7-4 头足类化石

5. 笔石类

笔石动物这一门类是已灭绝的群体海生动物，多数为漂浮生活，少数固着于海底。最早发现的单枝笔石体，形如欧洲中世纪的鹅毛笔，故得名笔石。笔石动物在奥陶纪、志留纪最繁盛，泥盆纪衰退，中石炭世灭绝，它演化迅速、分布范围广泛、数目繁多，是奥陶、志留系重要的标准化石。

笔石多在潟湖等静水环境中漂浮生活，故往往保存于黑色页岩中。笔石动物的硬体统称笔石体，每一笔石体由一个胎管和许多胞管构成笔石枝组成(图7–5)。

图7–5　笔石类化石

6. 䗴类

䗴属原生动物门，䗴为绝大数浅海底栖，少数漂浮的单细胞微体动物。䗴类自早石炭世晚期出现，演化迅速，到二叠纪末期即灭绝，故是划分石炭—二叠纪地层的标准化石。

䗴外壳多呈纺锤形，故名纺锤虫，李四光创"䗴"字，即䗴状之虫以代替纺锤虫。䗴类的壳体微小，一般数毫米，但其内部构造十分复杂，初步鉴定可用放大镜，详细鉴定须切片借助显微镜进行观察研究(图7－6)。

图7–6　䗴类化石

7. 珊瑚类

珊瑚属腔肠动物的一个纲，生活于温暖(20°以上)浅海(水深<60m)环境，多产于灰岩中。珊瑚从寒武纪至今皆有，以古生代最盛，是一种很好的指相化石。

珊瑚有单体、复体之分，单体大多为圆锥状，复体有树枝状、平行排列的丛状或不规则的块状。当珊瑚大量繁殖时可形成珊瑚礁。珊瑚按骨骼构造分为横板珊瑚、四射珊瑚、六射珊瑚和八射珊瑚等四个亚纲，前两个亚纲的珊瑚只生长在古生代，后两个亚纲珊瑚生长在中生代到现在(图7－7)。

8. 海百合化石

海百合是一种古老的无脊椎动物，是生长在深海里的一种棘皮动物，与海参、海胆等属于一类。海百合外观很像植物，可分根、茎(柄)、冠三部分，由于其形态酷似盛开的百合花，人们就给它起了一个非常贴切的名字"海百合"。

海百合类最早出现于奥陶纪早朝，石炭纪和二叠纪繁荣，现代海洋中生存的尚有700余种(图7－8)。

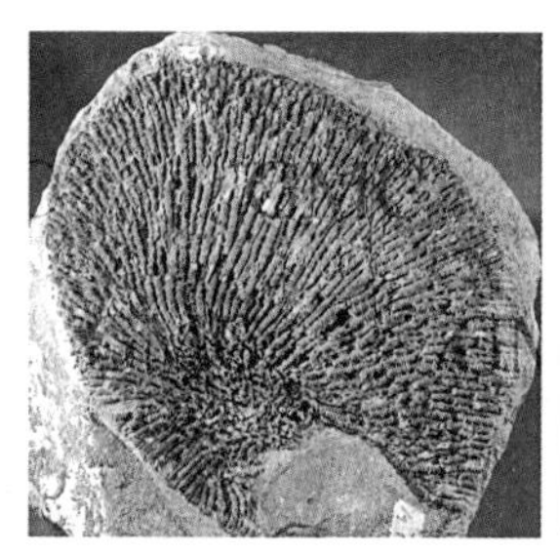

图7-7 珊瑚类化石

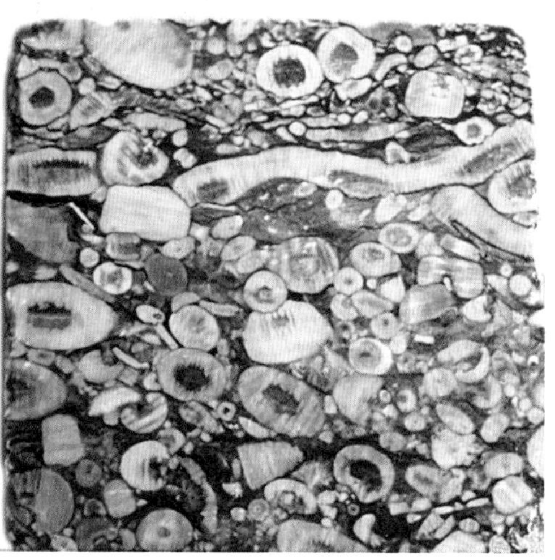

图7-8 海百合(茎)化石

9. 植物化石

植物的出现早于动物,它是动物界生存和繁荣的基础。植物界按其发育程度分为低等植物和高等植物两大类。低等植物包括细菌、蓝藻及菌藻;高等植物种类很多,有苔藓植物、裸蕨植物、石松植物、有节植物、蕨类植物、裸子植物、被子植物等。

植物体的根、茎、叶、繁殖器官等往往分散保存为化石,叶部化石因数量较多,特征明显,在鉴定中尤为重要。植物化石大量保存在陆相、海陆交互相的地层中,尤其在颜色较暗的细沉积岩中,如泥岩、页岩、碳质页岩中最多(图7-9)。

图7-9 植物化石

四、实验报告

观察化石标本,绘画出其主要形态特征,并注明其化石名称。

实验八　制作地层综合柱状图

一、实验目的

运用层序地层律和地质年代表的知识，了解制作地层综合柱状图的内容和意义，学习编制地层综合柱状图。

二、实验用品

毫米纸、直尺、铅笔、小刀、橡皮等。

三、实验内容

1. 地层综合柱状图定义

按一定比例尺和图例，将工作区地层自下而上（即从老到新）把各地层的岩性、厚度、接触关系等现象，用柱状图表的方式表示出来的图件，称地层柱状图或称柱状剖面图（图8－1）。

2. 地层综合柱状图意义

1）研究区地层、厚度、岩性、岩相古地理、古生物的总结；

2）有助于研究区地壳活动规律、沉积环境、岩浆活动、地质演化史或地球动力学过程的恢复。

3. 地层综合柱状图内容

1）图头（图名）和比例尺，位于正上方；

2）图的栏目如下：

★ 地层年代：界、系、统、组，各1cm宽；

★ 代号：地层代号，宽1cm；

★ 厚度：研究区地层平均厚度，宽1cm；

★ 柱状图：用岩性花纹和符号表示该层主要地层特征，地层柱宽度一般2～3cm，若地层厚度大时可适当加宽，本次实验要求地层柱宽2.5cm；

★ 分层号：自下而上统一编号，宽1cm；

★ 岩性描述：对颜色、岩石名称、结构、构造、化石、矿产、标志层等进行简要描述，宽5cm。

地层综合柱状图的格式如下：

地层				代号	厚度（m）	柱状图	分层号	岩性描述
界	系	统	组					
1cm	1cm	1cm	1cm	1cm	1cm	2.5cm	1cm	5cm

4. 制作步骤

1）根据实测剖面计算获得的各个分层地层厚度、总的厚度及岩性种类，确定适当比例尺和图例。

2）在作业纸上按照上述表格栏目宽度制作图框、各栏目纵线和图头。

3）在图的上方标注图名和比例尺。

4）根据各分层厚度，按比例尺截取柱状图的长度。个别厚度较大而岩性单调者，可用省略号缩短其在柱状图上的长度。某些厚度虽小但意义重大者（矿层、标志层），无法正常表示，可以夸大至1～2mm画出，但文字描述应注明其真实厚度。

5）用规定的符号标明各个地层之间的接触关系，国际统一规定以““——”表示整合接触；“ --- ”表示假整合接触；“~~~~~”表示不整合接触。

6）用图例规定的花纹与符号（图8–2、图8–3、图8–4），在柱状图上填注岩性与化石，如有侵入岩，则根据其产状画在相应地层的边缘。

沙石岗地区地层综合柱状图

比例尺 1:20000

地层 界	地层 系	地层 统	代号	厚度(m)	柱状图	分层号	岩性描述
新生界	第四系		Q	50		19	黄色砂层及棕色亚粘土
中生界	白垩系	上统	K_2	200		18	黄色砂岩、砾岩、泥岩互层
		下统	K_1	205		17 16	紫色凝灰质砂岩，下部为安山岩
	侏罗系	上统	J_3	295		15 14	上部玄武岩，下部砂岩、页岩夹煤层
		中统	J_2	200		13	砂岩、页岩夹流纹岩
	三叠系	上统	T_3	150		12	灰黑色长石石英砂岩夹页岩
		中统	T_2	150		11	灰黄色厚层长石石英砂岩夹砂质泥岩
古生界	二叠系	上统	P_3	300		10	杂色砂页岩夹安山岩
		中统	P_2	150		9	黄绿色中层石英砂岩、页岩夹煤层
		下统	P_1	150		8	灰白色厚层石英砂岩,产植物化石
	石炭系	上统	C_2	300		7	黄色中层砂岩与页岩互层夹煤层
	奥陶系	中统	O_2	200		6	灰色厚层状灰岩为主夹白云质灰岩
		下统	O_1	200		5	灰色薄层白云质灰岩,产头足类化石
	寒武系	上统	ϵ_3	150		4	黑色厚层泥质灰岩,产三叶虫化石
		中统	ϵ_2	150		3	灰色中层鲕状灰岩夹页岩
		下统	ϵ_1	200		2	深灰色灰岩及页岩,产三叶虫化石
太古界			A_r	>800		1	灰绿色片麻岩,有花岗岩侵入

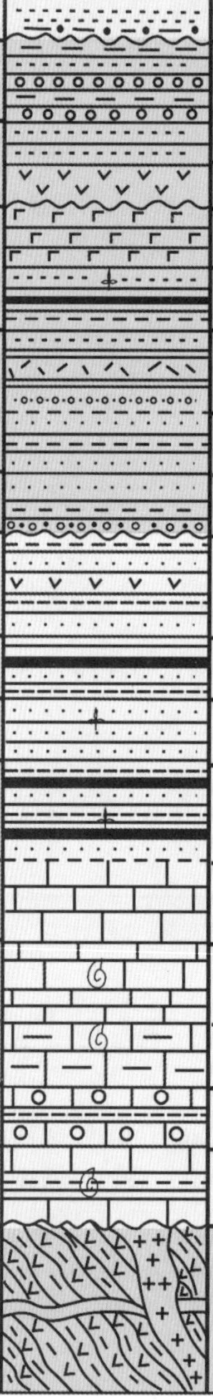

注:图下方应附工作区位置图和责任表。

图8-1 沙石岗地区地层综合柱状图

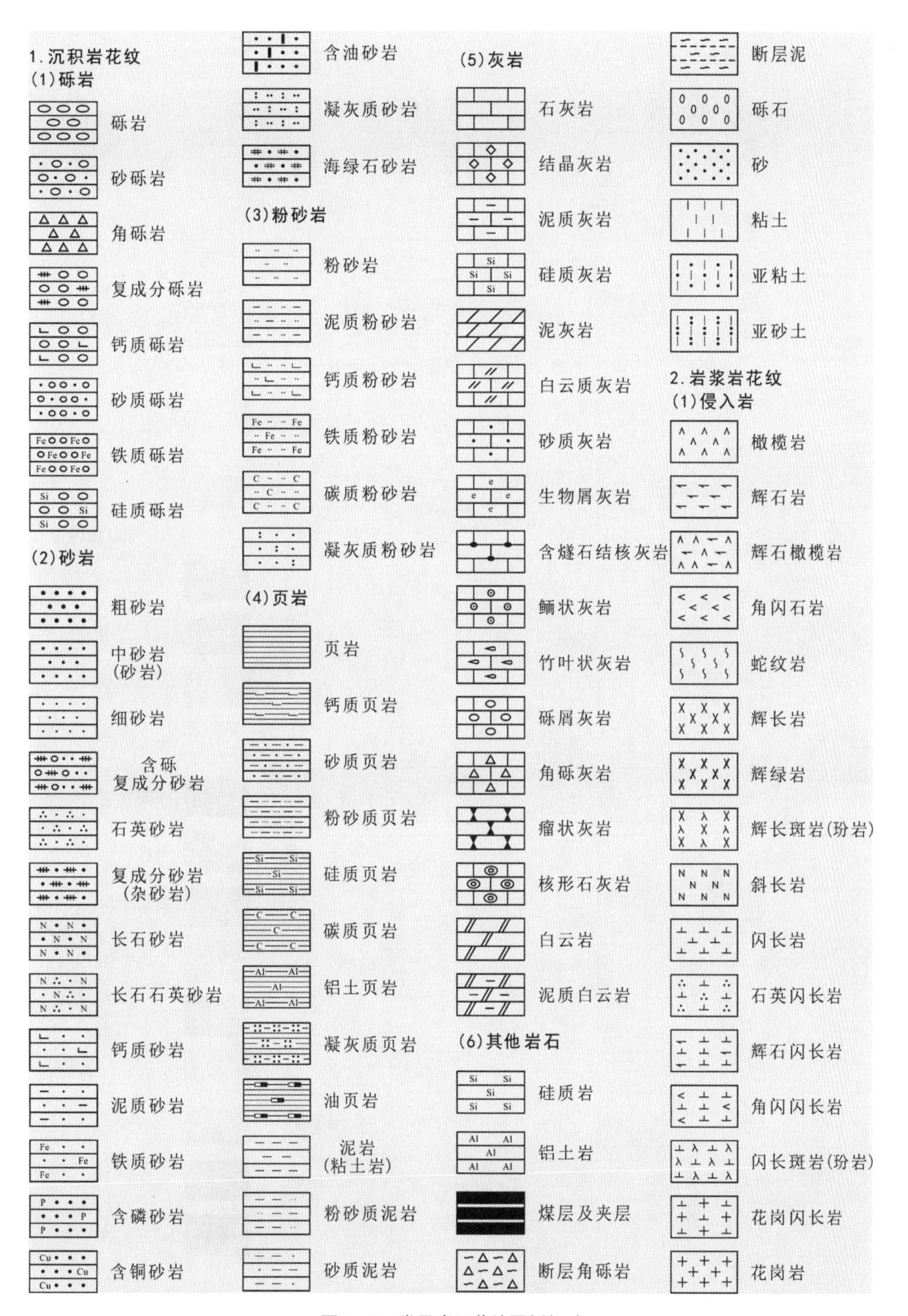

图8-2 常见岩石花纹图例(一)

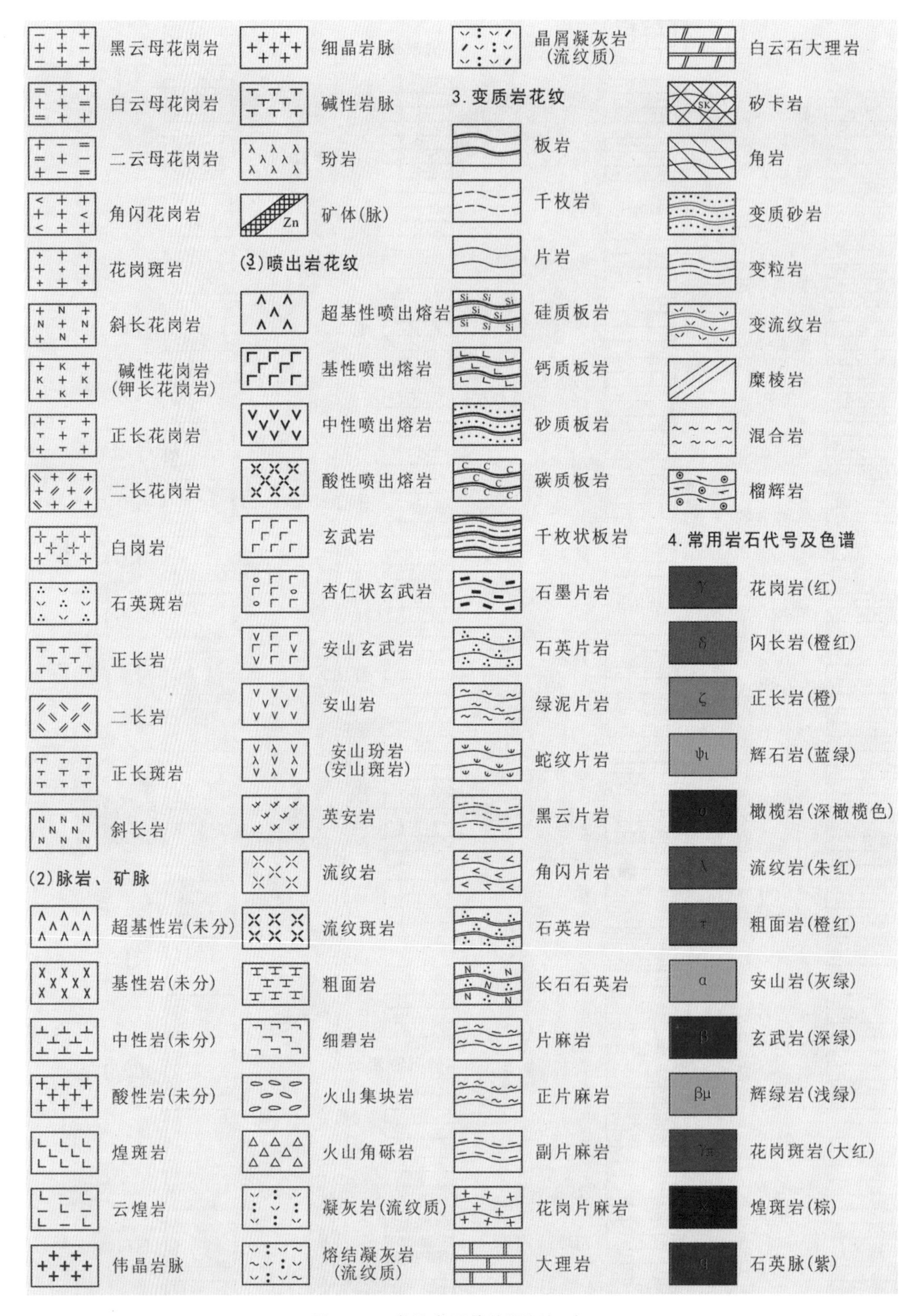

图8-3 常见岩石花纹图例(二)

规格(mm)	符号	名称	规格(mm)	符号	名称
线宽 0.1		整合岩层界线 侵入体接触线	线宽 0.25 三角形阴齿高 1	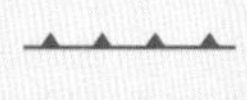	实测逆冲推覆断层 (箭头表示推覆面倾向)
点径 0.15 点距 1	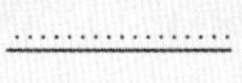	实测角度不整合界线,点打在新地层一方,下同	三角 1 间距 2 点径 0.3	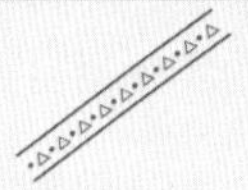	断层破碎带
线长 3 线距 1		推测整合岩层界线	基本线宽 1		背斜轴线(轴迹)
短线 2	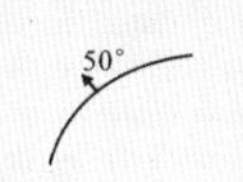 50°	侵入岩与围岩接触面产状 (箭头指示接触面倾向,数字为倾角)		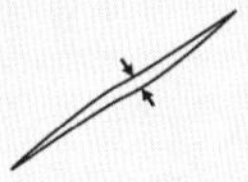	向斜轴线(轴迹)
线宽 0.15	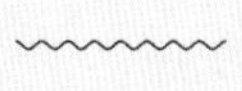	角度不整合 (剖面、柱状图)	基本线宽 1		倒转背斜轴线(轴迹) (箭头指向轴面倾向)
线长 2 线距 1	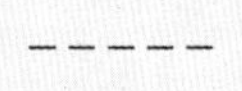	平行不整合 (剖面、柱状图)		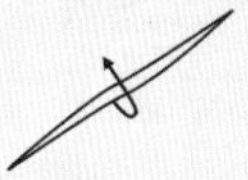	倒转向斜轴线(轴迹) (箭头指向轴面倾向)
点径 0.15 点距 1		岩相分界线			倾伏背斜
基本线宽 0.25		实测性质不明断层		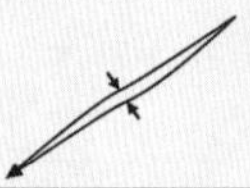	倾伏向斜
线长 4 线距 1		推测性质不明断层	线宽 0.15 阴齿高 1	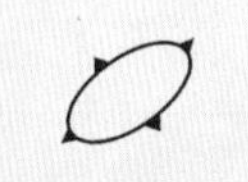	穹窿构造
线宽 0.15 短线 1 箭头 2	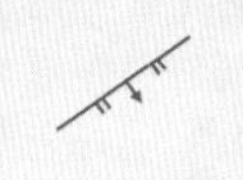	实测正断层 (箭头指示断层面倾向,短线侧为下降盘)		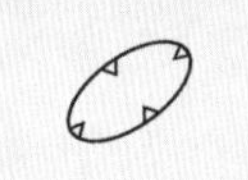	盆地构造
断线长 4 线距 1	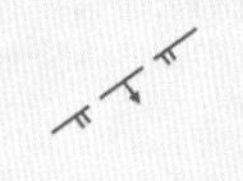	推测正断层	线宽 0.15 长线 5 短线 1	 30	岩层产状 (走向、倾向、倾角)
线宽 0.15 短线 1 箭头 2	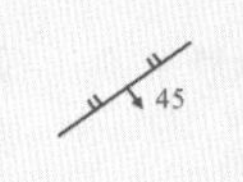 45	实测逆断层 倾向及倾角	线宽 0.15 线长 5		岩层水平
	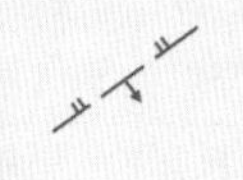	推测逆断层	线宽 0.15 短线 2		直立地层产状 (箭头指向较新地层)
线宽 0.15 箭头长 3		实测平移断层 (箭头指示相对位移方向)			倒转地层产状 (箭头指向倒转后倾向)
		植物化石			动物化石

图8-4 常见符号图例

7）完成地层年代、代号、厚度、岩性描述等栏目文字内容。

8）在图的右侧画岩性花纹与符号图例（1cm×0.8cm）。

9）在图的左下方绘制图区位置及剖面位置图，在图的右下方绘制责任表，包括图名、资料来源、制图人、审核人、制图日期等。

四、实验报告

利用下列南京湖山地区的实际资料，制作南京湖山地区的地层综合柱状图（1∶5000）。

南京湖山地区实际资料

岩石地层（代号）			地层厚度	主要岩石特征
第四系	全新统（Q）		0～20米	灰、灰黄色亚粘土、砂土和砾石层，下与各老地层均呈角度不整合接触
三叠系	中统	黄马青组（T_2h）	40余米	紫红色粉砂岩、砂岩，夹粉砂质页岩，含丰富虫管化石。与下伏青龙组为角度不整合接触
	下统	青龙组（T_1q）	约250米	底部以页岩为主，夹有灰岩；中部以灰岩和页岩交互产出；上部是一套薄层微晶灰岩，夹杂色页岩；顶部数层紫红色瘤状灰岩、粉砂岩，产菊石等化石。与下伏大隆组为整合接触
二叠系	上统	大隆组（P_3d）	约20米	下部黄绿色、灰绿色页岩为主，夹灰岩、粉砂岩、页岩；中上部灰黑色硅质岩与硅质页岩互层，夹灰岩透镜体，产有蛇菊石等化石。与下伏龙潭组为整合接触
		龙潭组（$P_{2-3}l$）	约100米	下部为粉砂岩、粉砂质页岩夹砂岩；中部为中厚层长石石英砂岩、粉砂岩，可见交错层理和小的断层；上部为泥质灰岩（俗称压煤灰岩）。页岩中盛产单网羊齿、大羽羊齿、栉羊齿及蕉羊齿等植物化石。与孤峰组为整合接触
	中统	孤峰组（P_2g）	约20米	硅质岩及颜色稍浅的硅质页岩组成，含磷质结核，产菊石化石。与栖霞组呈整合接触
	下统	栖霞组（P_1q）	约150米	自下而上分为五个部分：（1）碎屑岩：灰黄色页岩，夹薄层生物屑灰岩，含海百合茎和介形类化石，约1米。（2）臭灰岩：灰黑色富含沥青质生物屑微晶灰岩，产米斯䗴和介形类化石，约65米。（3）下硅质层：灰黄色硅质岩、硅质灰岩，约1米。（4）本部灰岩：灰褐色微晶生物灰岩，含灰黑色燧石结核，产珊瑚、南京䗴等化石，约80米。（5）上硅质层：生物屑灰岩、白云质灰岩，含黑色燧石条带，产拟纺锤䗴等化石，约1米。与船山组为平行不整合接触
石炭系	上统	船山组（C_2P_1c）	约40米	黑白相间生物屑灰岩，含有核形石，麦粒䗴化石。与下伏黄龙组呈平行不整合接触
		黄龙组（C_2h）	约55米	底部为5米的巨晶灰岩，主体是灰白色略带微红色的生物微晶灰岩，产纺锤䗴化石。与下伏老虎洞组为平行不整合接触
	下统	老虎洞组（$C_{1-2}l$）	约12米	灰白色白云岩，有紫红色的燧石结核，质密坚硬，风化的表面有刀砍状溶沟，产不规则石柱珊瑚等化石。与下伏和州组为假整合接触
		和州组（$C_{1-2}h$）	约5米	白云质和泥质灰岩，含少量生物碎屑。本层产袁氏珊瑚、巨长身贝等化石。与高骊山组为假整合接触
		高骊山组（C_1g）	约46米	杂色页岩，砂岩。与下伏金陵组为假整合接触
		金陵组（C_1j）	约6米	灰黑色为生物屑灰岩，有笛管珊瑚和假乌拉珊瑚等化石。与下伏五通组为假整合接触

南京湖山地区实际资料(续表)

岩石地层(代号)			地层厚度	主要岩石特征
泥盆系	上统	擂鼓台组(D_3C_1l)	约30米	杂色页岩、粉砂岩夹中厚层石英砂岩,含高等植物大化石。与下伏观山组为整合接触
		观山组(D_3g)	约120米	底部为灰白色中厚层砾岩、含砾石英砂岩,下部为灰白色厚层石英砂岩为主,夹粉砂岩、泥岩,上部灰白色石英砂岩、粉砂岩、泥岩,有斜方薄皮木、亚鳞木及楔叶木等高等植物化石。与下伏茅山组假整合接触
志留系	中统	茅山组(S_2m)	约20米	紫色砂岩、粉砂岩,夹粉砂质页岩。与下伏坟头组为整合接触
		坟头组(S_2f)	约120米	土黄色中厚层砂岩,夹少量土黄色薄层粉砂岩、泥岩和页岩,含有王冠虫等化石。与下伏高家边组为整合接触
	下统	高家边组(O_3S_1g)	大于50米	由土黄色页岩及泥岩组成,含有多种笔石化石

注:以上资料根据刘家润等(2009)改编。

§4 构　造

实验九　读地质图

一、目的

学习地质图的基本知识;初步掌握阅读地质图的方法。

二、要求

预习褶皱、断层、地层接触关系等知识。

三、实验内容

1. 地形图简介

一般地质图除小比例尺的外,都以地形图作底图,地形图是用等高线的方法和规定的符号将地形、地物等缩绘和标注在平面上的一种图件。

(1) 比例尺及其表示法

比例尺又称缩尺,它是根据工作精度而选定图件缩小的程度,是图上单位长度与所代表实地距离之比值。常用分数表示,如1:50000即图上1cm代表实地500m。其分子常为1,分母数字越小其比例尺越大。在面积大小相同的地形图中,比例尺越大,则图内所表示的地形、地物位置等的精度越高。

比例尺的表示方法有三种:①数字比例尺,如1:20000;②自然比例尺,如1cm = 200m;③线条比例尺,以图示的方法表示。

(2) 等高线及其特征

等高线有以下特征:同一等高线上任何点,其高度相等;同一等高线不能分叉,不同高度的等高线不能交叉(悬崖、峭壁除外);相邻两等高线的数值差,称等高距,同一张地形图上等高距一定相同;相邻两等高线间的水平距离称等高线平距,它的大小与地形坡度有关,地形坡度大时等高线平距小(等高线密集),反之,地形坡度小其平距则大(等高线稀疏)。

(3) 地形图的方位

标注经纬度的地形图,可用经纬度定方向,没有标注经纬度及没注明特定方向的地形图,一般为上北下南、左西右东。

2. 地质图简介

(1) 地质图的概念

地质图是一种将各种不同地质体和地质现象(如沉积岩层、火成岩体、地质构造、矿产等)的分布和相互关系,用规定的图例和符号表示在某种比例尺地形图或平面图上的图件。有时为了某种特殊的目的,着重表示某种地质现象的图件,称专门的地质图,如《北京西山地区水文地质图》。

一般可分为小比例尺地质图(1:50万及以下)、中比例尺地质图(1:25万~1:20万)、大比例尺地质图(大于1:2.5万及以上)。小比例尺地质图没有地形等高线,只能概括地反映较大范围内的区域构造特征。它适用于区域大地构造的综合分析和研究。中比例尺地质图有较简明的地形等高线与重要的地形地物控制点等标志,所表示的地质现象也较全面详尽。这种图常用来作为开展各项地质工作的重要基础图件,一般称“区域地质图”。它适用于对区域构造及其与成矿规律关系的分析和研究。大比例尺地质图着重反映小范围内的专门地质现象和多种构造细节,可用它来分析矿区构造、布置勘探工作以及进行各项专题性质的研究。

通过地质图我们可以判断该区的地层层序、岩石类型、地质构造、岩浆活动、地质发展历史及成矿规律等。它是帮助我们预测矿产、认识自然、改造自然的一种依据,因此,它是既有理论价值又有实际意义的综合性图件,是国家资源和地质工作最重要的资料。

(2) 地质图的一般规格

一幅正式的地质图应有统一的规格,除图幅本身外,还包括图名、比例尺、图例、编图单位、编图年月及编图人等,并附有综合地层柱状图和地质剖面图。

图名一般放在图框正上方,用来表示本图幅所在地区及图的类型。为了进一步表明该图所在的地理位置,一般在图框右上方注明图幅的接合表(有些图在图名下方注明)、图幅和国际代号,以便查图之用。一般数字比例尺放在图名之下;线条比例尺放在图框外正下方。图例用各种规定的颜色、花纹、符号等表示地层时代、岩性和产状等,通常放在图框的右侧或下方。地质年代按从新到老、自上而下排列;当放在图幅下方时,则自左至右排列。且按沉积岩、火成岩、变质岩、构造符号等顺序绘制。综合地层柱状图一般放在地质图框外左侧。地质剖面图一般放在地质图框外正下方。

3. 地质图的读图步骤

不同类型的地质图所表示的内容有所差别,但读图步骤却基本相同。

① *首先读图框外的附件* 通过图名、方位及比例尺,了解图幅类型、方向、位置、区域面积及地质图的精度;通过图例了解各种符号、花纹的含义;通过综合地层柱状图了解该区出露地层的层序、岩性特征、厚度及接触关系等;通过地质剖面图大致了解该区的地质构造特征。

② *读图框内的地形、地质内容* 首先了解地形特征,并结合等高线、水系和地形分布,了解该区自然地理概况。然后读地质、构造等内容:大致了解地层分布的总规律,如走向、倾向、新老地层分布状况等;判别有无褶皱构造的存在,逐个分析褶皱的性质及形成时代;判别有无断层的存在,逐个分析断层的性质及其形成时代;了解火成岩及岩浆活动特征,如岩性、产状、规模及其形成时代;分析各地质体的相互关系,如褶皱、断层、火成岩体、变质岩等的相互关系。

③ *综合与概括* 在了解全区范围内地层的发育、空间分布、岩性、厚度、古生物、接触关系、褶皱、断裂构造及火成岩体等的特征、形成时代及其相互关系等的基础上进行综合分析,总结本区构造运动性质及其在空间和时间上的发展规律,地质发展简史及各种矿产的生成与分布等,从而对该区的总体地质概况有较全面的认识。

4. 读地质图要点

(1) 读地形图的要点

地形是地质构造、岩性等特征在地表上的反映,是内外动力地质作用相互制约的结果。所以掌握地形的特征对了解地质构造起着一定的作用。

读地形图应从水系特征着手,结合等高线的高程,分析区内山区、丘陵和平原的分布,了解它们的相对高程与绝对高程;根据等高线的形态特征了解山头、鞍部、洼地、山谷和山脊等的分布;根据等高线平距和等高线稀密分布特征,了解地形的陡、缓;再结合地貌、地物符号了解该区水系类型、居民点的分布、交通情况等,从而掌握全区的自然地理和经济地理概况。

注意地层(或断层)的露头形态,露头形态与地层产状有关,而且受地形的影响。对水平岩层而言,其露头线与地形等高线平行或重合;垂直岩层的露头线切割地形等高线,成为一条与岩层走向一致的直线;倾斜岩层由于地形坡度及岩层产状的不同,在地质图上的弯曲尖端方向也不同,并且具一定的规律,称为倾斜岩层的“V”字形法则。以上对露头形态与地形关系的分析,不仅适用于层状、似层状地质体,同时亦适用于火成岩侵入体、矿体与围岩的接触界面、断层面及不整合接触面等等。

注意地形对地层露头宽度的影响。地层的厚度是指上下层面间的垂直距离。同一厚度、同一产状的地层,在不同地形坡度上的出露宽度是不同的,坡度越缓出露越宽;坡度越陡出露越窄。

(2) 如何判读地质图中的褶皱

褶皱存在的标志是在沿倾向方向上相同年代的岩层作对称式重复出现,背斜核部岩层较两侧岩层老,向斜核部岩层较两侧岩层新。据此可以区分背斜和向斜。在地质图上判读褶皱构造的方法与步骤如下:

① 根据地层产状和地质界线的分布,了解区内地层的分布情况。

② 垂直地质界线,从老地层出露处着手,沿其倾向或反其倾向穿越,了解不同时代地层的分布规律;从新、老地层的相对位置,确定向斜和背斜的核部、翼部的所在位置和组成地层及全区褶皱的数目。

③ 根据各褶皱构造两翼地层倾角大小、出露宽度,并参考地质剖面图,判别轴面位置、轴向及单个与组合的横剖面形态。

④ 根据两翼地层平面分布形态,判别各褶皱枢纽的产状及倾伏向;再按各褶皱轴的位置,判别褶皱的平面组合方式。

⑤ 综合上诉内容,给褶皱命名并分析其形成时代,命名时应以"地名+褶皱类型",如长山地区地质图中的一褶皱称为石顶山斜歪倾伏向斜。

⑥ 观察褶皱与其他地质体间的关系,如果发现地层被岩体、断层所切断或被不整合面所覆盖,应沿地层走向追索,推断被切断或被覆盖地层的归属,以便恢复褶皱的原来面貌。

(3) 如何在地质图中判读断层

断层存在的依据是:不同时代地层的非对称重复或缺失,或沿地层走向突然中断。而在地质图上,一般以特殊符号表示断层的存在及其性质。如以红色实线表示实测(虚线表示推测)断层的位置与长度;在大、中比例尺地质图上还用特定的符号表示断层类型及其产状。当图上未标明断层性质时,可通过以下观察加以判读:

① 观察断层线与褶皱轴线(或地层界线)间的关系。如果两者分别近于垂直、平行或斜交时,应分别属于横(倾向)断层、纵(走向)断层或斜向断层。

② 观察断层线的形态及其与地形等高线的关系,确定断层面陡、缓及倾斜方向。

③ 判断断层两盘运动方向的影响因素较多,如断层发生位置的地质条件(是在单斜地层还是在褶皱构造中,是背斜还是向斜,是在翼部还是在核部),断层性质属纵断层还是横断层,地层产状属正常还是倒转,以及断层面与地层产状的关系等等。可从如下方面考虑:

在一般情况下走向断层不论发生在单斜地层、背斜或向斜中,其老地层出露的一盘为上升盘;但当断层面倾向与地层倾向一致,且断层倾角小于地层倾角或地层倒转时,则相反。当横断层切断褶皱时,如果断层两盘核部出露同一时代的地层,则背斜核部变宽(或向斜核部变窄)的断盘为上升盘;但当断层两盘褶皱的核部,出露不同时代的地层时,则无论是背斜或向斜,其核部是老地层的一盘为上升盘。当地质界线被横断层或斜断层切断并位移时,如断层面两侧地层出露宽度一致,则为平移断层。

此外,还应参考地质剖面图上断层的表现,借以判别断层两盘的相对运动方向。

④ 综合上述内容,根据断层命名原则,分别给各断层命名并分析其相互关系和形成时代。

(4) 如何区别地质图上不同类型的地层接触关系

① *整合、假整合接触* 两者在地质图上均表现为接触界面上、下的地层界线相互平行,如果上、下地层间是连续渐变的为整合,若其间有间断(即有地层缺失)者为假整合。

② *不整合接触* 在地质图上明显表现是在不整合界线两边的两套地层产状不一致;在剖面图上表现为上覆地层的底界线切断其下伏一个或若干个较老地层的地质界线,两者呈明显的角度相交。在平面图上常用"~~~~~"符号表示不整合接触。

③ *岩体的侵入接触* 当规模较大的岩体侵入围岩时,在地质图和剖面图上的岩体边界线均可切断一条或数条地质界线(如附图《长山地区地质图》的花岗岩体γ);但当岩体出露较小时,在地质图上岩体界线可呈封闭曲线被包围在某一层围岩内(如《长山地区地质图》的辉绿岩脉$\beta\mu$)。

④ *岩体的沉积接触* 在地质图上表现为岩体的边界,被晚于其形成时期的地层界线所切割,在剖面图上则可见晚期地层覆于其上。

⑤ *断层接触* 在地质图上表现为地层不对称式重复、缺失,或地层界线、岩体界线或不整合接触界线等被切断并发生位移。

四、实验报告

按照上述方法与步骤,读《长山地区地质图》(附录5),写该区地质报告。

实验十 编制地质剖面图

一、实验目的

了解地质剖面图的内容,初步掌握利用地质图编制地质剖面图的方法。

二、实验内容

1. 地质剖面图简介

地质剖面图是重要的地质图件之一,它是沿地表某一方向,以假想的竖直平面与地形相切所得的断面图。断面与地面的交线称剖面线。地质剖面图是用一定比例尺,记录和揭示某一方向剖面中的地貌形态与内部地层、构造等相互关系的图件。按照资料来源和精确程度分为实测、随手、图切剖面等。

地质剖面图的主要内容应包括剖面方向、地形、地层岩性、厚度、时代及产状;它可以反映褶皱形态、断层性质、火成岩体和矿体的形态,并可表示它们的位置和规模等。

2. 利用地质图编制地质剖面图的步骤和方法

(1) 选定比例尺

一般应与地质图相同,而且其水平比例尺与垂直比例尺应一致,才能反映真实的地形和地质情况。但当地形非常平缓时,为揭示其起伏状态,可适当放大垂直比例尺,此时所作地形剖面与实际相比有所夸大。

(2) 选定剖面线位置

除特定目的外,一般选择剖面线位置的原则是大体上垂直地层走向,能通过全区的主要地层和地质构造,较好地反映该区地质构造特征等。如《长山地质图》选择*A*－*B*作为剖面线,绘制了图幅下面的剖面图。

(3) 作地形剖面

① 在方格纸上引一水平线(*A*－*B*)作横坐标,代表基线用以控制水平距离,其长度与图画上*AB*长度相等,其方向一般规定左端为北或西,右端为南或东(按看图人的左、右方向)。

② 在基线一端或两端引垂线作纵坐标,用以控制地形的高度,按垂直比例尺标注高度,所标高度值范围,应以满足剖面线所经过的最高和最低点的高程为原则,亦可从海平面起算,视具体情况(以图的美观、协调为原则)而定。

③ 将基线(*A*－*B*)与图画上(*A*－*B*)平行对准,将*A*－*B*与地形等高线的一系列交点,垂直投影到*A*－*B*上方相应高程的位置上,从而获得一系列的地形投影点,然后用圆滑曲线,逐点依次连接成地形轮廓线,并在其上方相应位置标注地物名称(山峰、河流、村庄等),则成为地形剖面图(图10－1)。

(4) 投影地质点并画出各地质界面的位置

先将剖面线(*A*－*B*)与各地质界线相交的一系列地质点(如地层界线点、断层点、岩体界线点、不整合接触的界线点等)垂直投影到地形轮廓线上,再利用地质图上的产状在地形轮廓线的下方,画出各地质界线的空间状态(图10－2)。

此时应注意以下三个问题:

① 所选用产状要素值,应是该地质体(地层或断层)界面最靠近*A*－*B*线的值。

② 注意倾向在剖面图上的表示方法,当地质界面的倾向与剖面方向一致或相近(两者之差$<90°$)时,该地质界线应向图面的剖面方向箭头一侧倾斜;否则,则向相反方向倾斜。

③ 注意倾角在剖面图上的度量方法,用量角器量倾角时,应令过该地质点的水平线与层面界线的夹角等于该倾角值。

(5)绘制剖面中的地质构造

利用地层的新老关系及地层对称式重复出露情况,并考虑褶皱转折端形态及地层产状等,将同时代地层用圆滑线条连成褶皱(有时为了直观,可用虚线表示出地表以上的褶皱形态)。对断层一般用红色实线(有时用黑粗实线)表示,根据断层性质用箭头标注两盘动向及地质界面的错动情况。标注不整合接触界面时,应注意其上下地层产状与界面的关系,其上覆地层应与不整合界面平行;而下伏

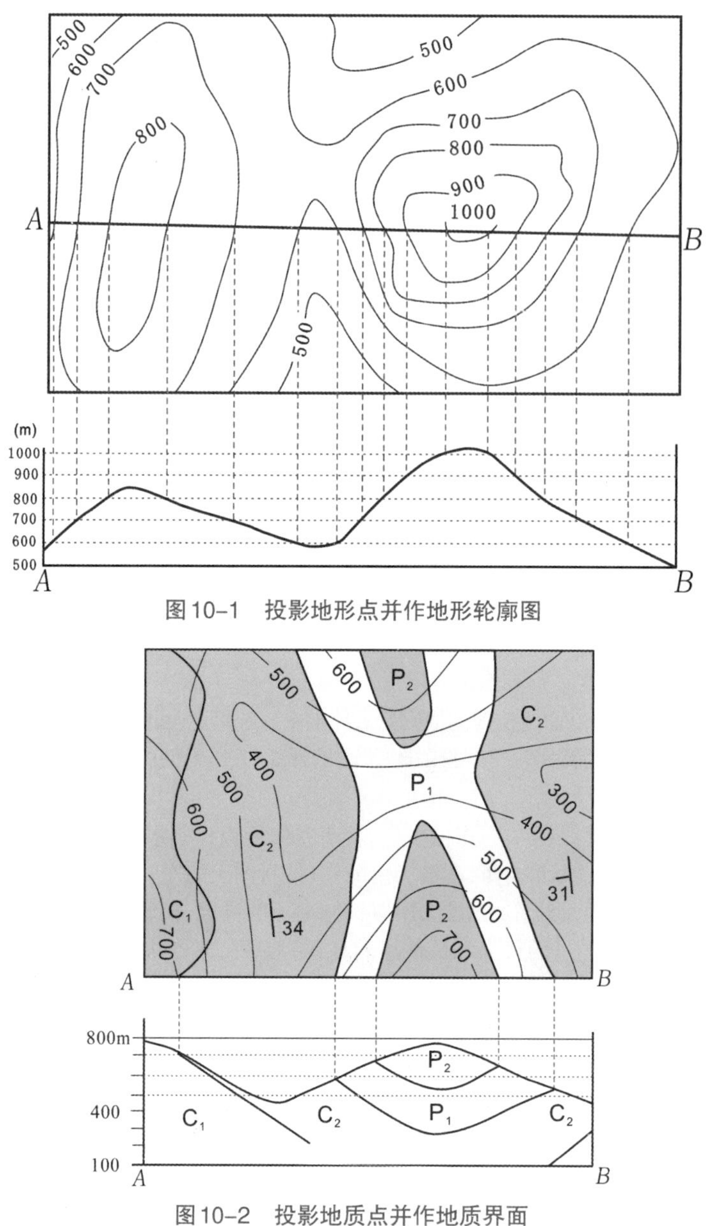

图10-1 投影地形点并作地形轮廓图

图10-2 投影地质点并作地质界面

地层则与不整合界面呈角度相交。第四系松散沉积物应画在下伏基岩之上，且一般不能被断层所穿越。标注火成岩和矿体时，应注意其形态与规模。

(6)填注岩性花纹并整饰成图

用规定符号和花纹（图8-2、图8-3、图8-4），按产状将剖面图中各时代地层的岩性、时代、接触关系和岩体岩性等标注在图内；然后，在规定的位置标注图名、比例尺、剖面方向、作图日期、作图者姓名等；最后整饰成准确、美观的地质剖面图。

当地质剖面图不作为地质图的附件而单独使用时，还需将图例放在剖面的下方，自左至右绘出。

三、实验报告

编制《长山地区地质图》（附录5）$C-D$地质剖面图，水平及垂直比例尺均选用1:25000。

§5　课间实习

实验十一　测量岩层的产状要素

一、实验目的

1. 了解地质罗盘的结构。

2. 学会使用地质罗盘来测量目标物的方位角和岩层产状要素，并掌握其记录方法。

二、实验用品

地质罗盘仪。

三、实验内容

1. 地质罗盘仪结构

一般的地质测量，如测量目的物的方位、岩层空间位置、山的坡度等，均用地质罗盘仪（也称地质罗盘，以下简称罗盘）。这是地质工作者必须掌握的工具。罗盘仪式样较多，但其原理和构造大体相同。罗盘一般都由磁针、磁针制动器、刻度盘、测斜器、水准器和瞄准器等几部分组成，并安装在一非磁性物质（铜、铝或木制的圆盆）的底盘上（图11－1）。

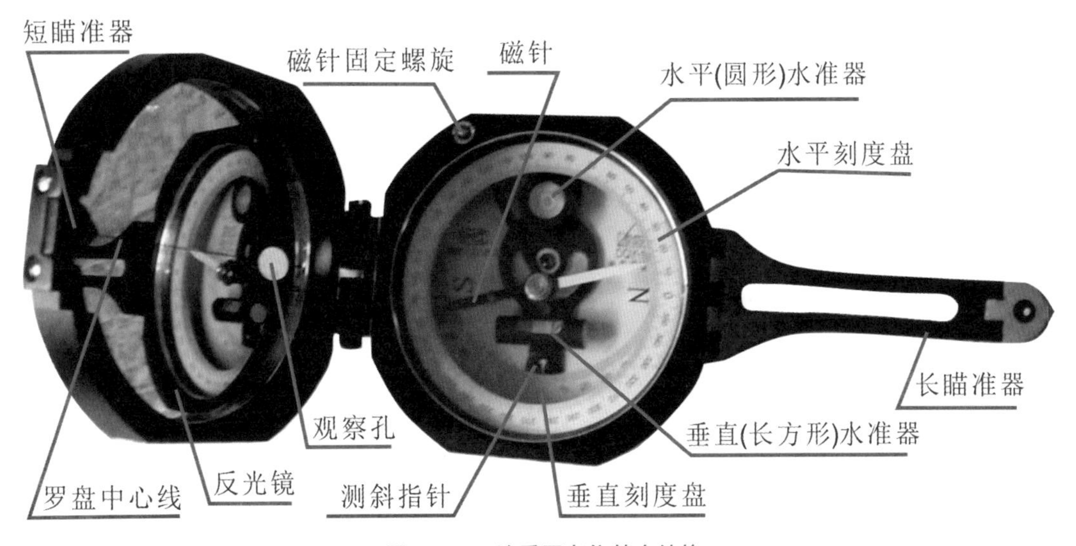

图11－1　地质罗盘仪基本结构

（1）磁针

磁针为一两端尖的磁性钢针，其中心放置在底盘中央轴的顶针上，以便灵活地摆动。由于我国位于北半球，磁针两端所受地磁场吸引力不等，产生磁倾角。为使磁针处于平衡状态，在磁针的南端绕上若干圈铜丝，用来调节磁针的重心位置，亦可以此来区分指南和指北针。

磁针制动器是在支撑磁针的轴下端套着的一个自由环，此环与制动小螺纽以杠杆相连，可使磁针离开转轴顶端并固定起来，以便保护顶针和旋转轴不受磨损，保持仪器的灵敏性，延长罗盘的使用寿命；当罗盘处于水平状态时，按住磁针固定螺旋，便于读取水平刻度盘上的数据。

(2) 刻度盘

分内(下)和外(上)两圈,内圈为垂直刻度盘,专作测量倾角和坡度角之用,以中点位置为0°,分别向两侧每隔10°一记,直至90°。外圈为水平刻度盘,其刻度方式有两种,即方位角和象限角,随不同罗盘而异。方位角刻度盘是从0°开始,逆时针方向每隔10°一记,直至360°。在0°和180°处分别标注N和S(表示北和南);90°和270°处分别标注E和W(表示东和西)。象限角刻度盘与它不同之处是S、N两端均记作0°,E和W处均记作90°,即刻度盘上分成0°~90°的四个象限。

必须注意:方位角刻度盘为逆时针方向标注,东、西方向与实地相反,其目的是测量时能直接读出磁方位角,因测量时磁针相对不动,移动的却是罗盘底盘,当底盘向东移,相当于磁针向西偏,故刻度盘逆时针方向标记,所测得读数即所求。

(3) 测斜指针(或悬锤)

测斜指针是测斜器的重要组成部分,它安放在盘底上,测量时指针(或悬锤尖端)所指垂直刻度盘的度数即倾角或坡度角的值。

(4) 水准器

罗盘上通常有圆形和管状两个水准器,圆形者固定在底盘上,管状者固定在测斜器上,当气泡居中时,分别表示罗盘底盘和罗盘含长边的面处于水平状态。但如果测斜器是摆动式的悬锤,则没有管状水准器。

(5) 瞄准器

瞄准器包括长瞄准器(瞄准觇板)、短瞄准器、反光镜中的细丝及其下方的透明小孔,用来瞄准测量目的物。

2. 地质罗盘仪的磁偏角校正

在使用前需作磁偏角的校正,因为地磁的南、北两极与地理的南、北两极位置不完全相符,即磁子午线与地理子午线不重合,两者间夹角称磁偏角。地球上各点的磁偏角均定期计算,并公布以备查用。当地球上某点磁北方向偏于正北方向的东边时,称东偏(记为+);偏于西边时,称西偏(记为-)。

进行磁偏角校正时,如果磁偏角东偏,转动罗盘外壁的刻度螺丝,使水平刻度盘顺时针方向转动一磁偏角值则可,若西偏则逆时针方向转动。经校正后的罗盘,所测读数即正确的方位。如南京地区磁偏角为西偏4°00′,经校正后N刻划线对接于水平刻度盘上356°的刻划线位置。

我国磁偏角一般都是西偏,下面列举了我国部分地区的磁偏角数据(1997年1月1日之值):

漠河 11°00′(W)	齐齐哈尔 9°48′(W)	哈尔滨 9°51′(W)	延吉 9°37′(W)
长春 9°14′(W)	沈阳 8°05′(W)	大连 6°58′(W)	承德 6°25′(W)
烟台 6°12′(W)	天津 5°40′(W)	济南 4°51′(W)	青岛 5°31′(W)
保定 5°25′(W)	大同 4°43′(W)	徐州 4°52′(W)	太原 4°12′(W)
包头 4°00′(W)	北京 6°05′(W)	上海 4°43′(W)	合肥 4°25′(W)
杭州 4°35′(W)	安庆 4°01′(W)	洛阳 3°49′(W)	温州 4°07′(W)
南京 4°59′(W)	信阳 3°46′(W)	汉口 3°21′(W)	武昌 3°21′(W)
南昌 3°21′(W)	沙市 3°21′(W)	台北 3°14′(W)	西安 2°30′(W)
福州 3°23′(W)	长沙 2°41′(W)	赣州 2°48′(W)	兰州 1°33′(W)
厦门 2°38′(W)	重庆 1°45′(W)	西宁 1°00′(W)	桂林 1°50′(W)
成都 1°09′(W)	贵阳 1°30′(W)	康定 0°52′(W)	广州 1°49′(W)
昆明 0°57′(W)	保山 0°52′(W)	南宁 1°15′(W)	海南海口 1°28′(W)
拉萨 0°12′(E)	玉门 0°12′(E)	和田 2°36′(E)	乌鲁木齐 3°05′(E)

3. 目标方向的测量

测定目的物与测者两点所连直线的方位角,方位角是指从子午线顺时针方向至测线的夹角。测量方法是先放松磁针固定键,螺旋使磁针自由转动,然后用长瞄准器指向目标,即用罗盘的北(N)端指着目的物,南(S)端靠近自己进行瞄准。使目标物、长瞄准器小孔、反光镜中间的细丝(罗盘中心线)成一直线,同时使罗盘水准器气泡居中,待磁针静止时,磁针北端所指读数即所测目标物的方位角。

4. 岩层产状要素的测定

岩层的空间位置决定于其产状要素,岩层产状要素包括岩层的走向、倾向和倾角(图 11－2)。测量产状时,若岩层层面凹凸不平,可把野外记录本贴在岩层上当作层面进行测量。

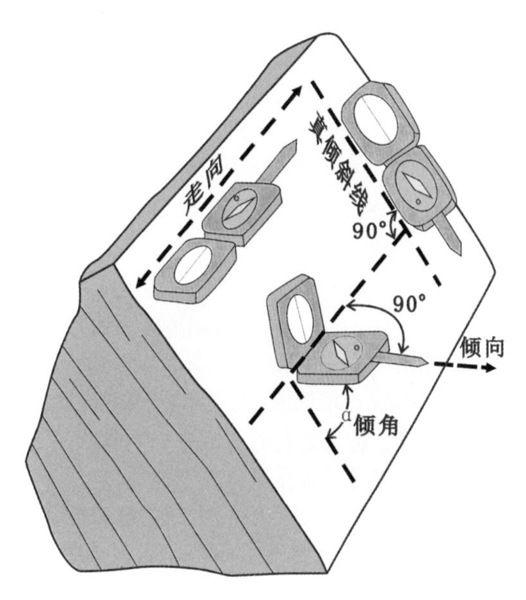

图 11－2 岩层产状要素及其测量方法

★ *岩层走向的测量*

岩层走向是岩层层面与水平面相交线的方位,测量时将罗盘长边的底楞紧靠岩层层面,当圆形水准器气泡居中时读指北或指南针所指度数即所求,因走向线是一直线,其方向可两边延伸,故读南、北针均可。

★ *岩层倾向的测量*

岩层倾向是指岩层向下最大倾斜方向线(真倾向线)在水平面上投影的方位。测量时将罗盘北端指向岩层向下倾斜的方向,以南端短楞靠着岩层层面,当圆形水准器气泡居中时,读指北针所指度数即所求。

★ *岩层倾角的测量*

岩层倾角是指层面与假想水平面间的最大夹角,称真倾角。真倾角可沿层面真倾斜线测量求得,若沿其他倾斜线测得的倾角均较真倾角小,称为视倾角。测量时将罗盘侧立,使罗盘长边紧靠层面,并用右手中指拨动底盘外的活动扳手,同时沿层面移动罗盘,当管状水准器气泡居中时,测斜指针所指最大度数即岩层的真倾角。若测斜器是悬锤式的罗盘,方法与上基本相同,不同之处是右手中指按着底盘外的按钮,悬锤则自由摆动,当达到最大值时松开中指,悬锤固定所指的读数即岩层的真倾角。

★ *岩层产状的记录方法*

如测得某地层走向方位角是330°,倾向方位角是240°,倾角为50°,有两种记录方法:

(1) 记作330/SW∠50,即“走向方位角/倾向象限∠倾角”。

(2) 记作240∠50,即“倾向方位角∠倾角”。

在地质图或平面图上标注产状要素时,需用符号和倾角表示。首先找出实测点在图上的位置,在该点按所测岩层走向的方位画一小段直线(4mm)表示走向,再按岩层倾向方位,在该线段中点作短垂线(2mm)表示倾向,然后,将倾角数值标注在该符号的右下方。

四、实验报告

分组实测目标方位角和岩层产状要素,分别使用两种方法记录所测岩层产状要素。

实验十二 栖霞山古生代地质构造剖面

一、实验目的

1. 加强感性认识，提高专业学习热情，更好地理解课堂上所学的基本概念；
2. 了解南京地区 P_1q-D_3w 地层；
3. 野外观察灰岩、石英砂岩特征；
4. 认识几种化石；
5. 认识断层、节理、镜面、擦痕、阶步与反阶步等常见构造；
6. 运用地质罗盘进行产状要素的测量。

二、地质背景

栖霞山位于南京东北部栖霞区。构造上，属于栖霞山复式背斜一部分，该复式背斜枢纽走向北东，轴面倾向北西。断裂构造主要为纵向逆冲断层，还有次级的走向为北西、北西西的斜向断层。出露地层自老而新为：坟头组、五通组、金陵组、高骊山组、和州组、老虎洞组、黄龙组、船山组、栖霞组、孤峰组、龙潭组。各岩组的岩石成分见实验八的地层柱状图描述。侏罗系象山群由砾岩、石英砂岩夹泥页岩组成，不整合覆盖在所有较老地层之上。此外，在栖霞山北坡还出露有白垩系火山岩。各种地层特征、空间分布以及构造内涵，可通过解读地质图得以理解（图 12－1）。

栖霞山铅锌矿体主要赋存于石炭系中、下部的砂岩、粉砂岩、有机质页岩、泥灰岩及碳酸盐岩中。矿体形态主要呈层状、似层状或透镜状，层位稳定。主要矿石矿物有闪锌矿、方铅矿、黄铁矿、菱锰矿，其次有白铁矿、黄铜矿、磁铁矿等。脉石矿物有方解石、白云石、重晶石、玉髓。

三、实验要求

1. 野外听从带队老师指挥，注意听讲，勤于观察、思考和记录。
2. 实习用品：地质锤、罗盘、放大镜、野外记录本、铅笔等。

四、实验内容

观察点 1：下二叠统栖霞组本部灰岩（P_1q），距今 3 亿年左右；灰黑色厚层状生物碎屑灰岩及生物屑微晶灰岩，含燧石结核较多；有珊瑚、海百合茎、腕足类等化石。

观察点 2：笛管珊瑚化石。

观察点 3：中石炭统黄龙组灰岩（C_2h），浅灰色块状微晶生物屑灰岩，较纯，可加工白水泥，不含燧石结核。

观察点 4：上泥盆统五通组石英砂岩（D_3C_1w），岩性坚硬，石英很纯，达 80%以上；见到逆断层、节理、境面，擦痕、阶步、反阶步等构造。测量节理和地层产状。

观察点 5：上泥盆统五通组石英砂岩（D_3C_1w），岩性坚硬，石英很纯，达 80%以上；微层理观察；地层产状测量。

五、实习报告

野外记录整理，绘制观察路线地质剖面图。

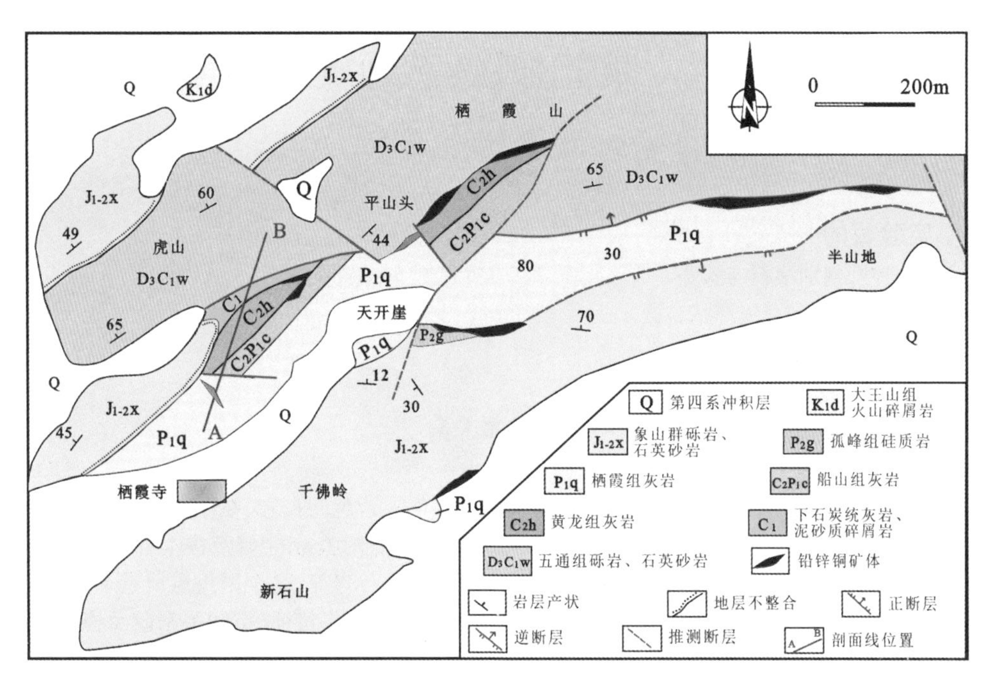

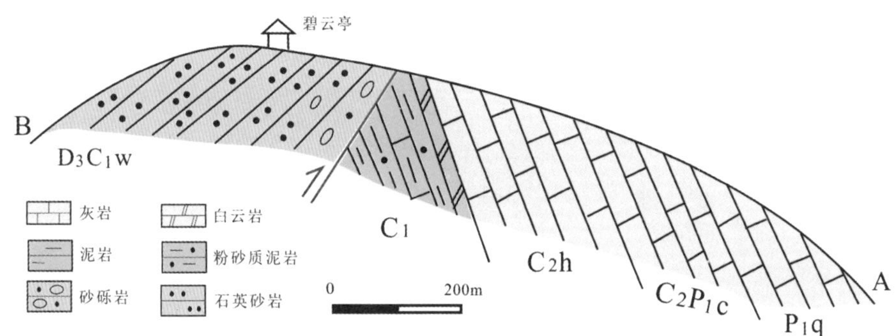

图12-1 栖霞山地质简图(据夏邦栋,1986)

实验十三 紫金山中生代地质构造剖面

一、实验目的

1. 观察岩性,判别滚石与露头。
2. 测量并记录黄马青组产状。
3. X节理的测量与分析。
4. 观察黄马青组的虫管构造。
5. 观察象山群的岩性,分析其与黄马青组的接触关系。

二、地质背景

紫金山位于南京市东郊,古称金陵山、蒋山。因山坡出露紫色砂页岩,在阳光照射下闪耀紫金色的光芒,故东晋时改称紫金山。紫金山东西延长约7km,南北宽约3km,主峰海拔448.9m(2007年),称为头陀岭。紫金山周围名胜古迹甚多,如中山陵、明孝陵及灵谷寺等,是全国重点风景名胜区。紫金山出露的地层主要为黄马青组和象山群,剖面比较完整。各种地层特征、空间关系以及构造内涵,可通过解读地质图得以理解(图13-1)。紫金山附近地貌具有一定特点,加之交通方便,因而是一个良好的实习地点。

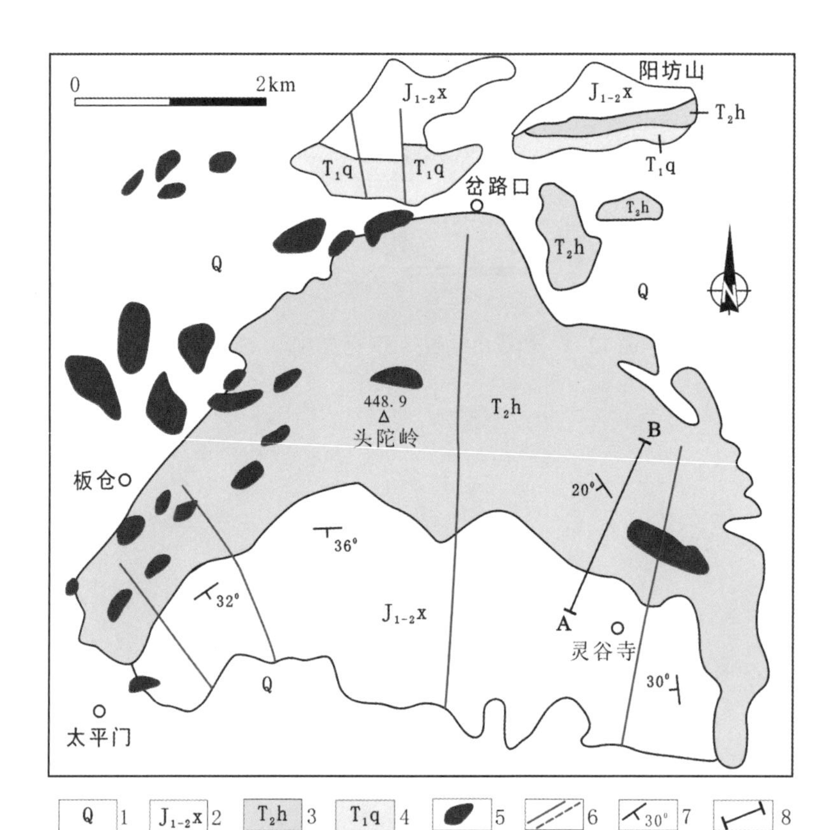

1-第四系;2-象山群;3-黄马青组;4-青龙组;5-辉长岩;
6-断层(推测断层);7-地层产状;8—观察路线

图13-1 紫金山地质简图(夏邦栋,1986,改编)

三、实习内容

本路线剖面上出露的地层自老而新有:

1. 上三叠统黄马青组(T_2h):紫红色钙质砂岩、粉砂岩、砂质页岩和页岩,夹有数层细砾岩、含砾砂岩,岩层具有明显的沉积韵律。有虫迹、交错层、波痕和微层理等原生构造。

2. 下、中侏罗统象山群($J_{1-2}x$):与黄马青组为假整合接触,底部为灰白色砾岩,厚至巨厚层。砾石成分为石英、石英砂岩、硅质岩及黑色燧石等。圆度良好,砾径自1~10cm,甚至达30cm,胶结物为硅质。

四、实习报告

根据所测量和记录的原始资料,制作紫金山地区地质剖面图。

实验十四　观察地质构造模型

一、实验目的

通过观察不同产状的岩层、褶皱、断层、地层接触关系、外动力地质作用等模型及在平面、纵剖面、横剖面上的特征，建立上述地质构造的空间概念。

二、预习要求

预习《普遍地质学》(舒良树，2010)中有关褶皱与断层的要素及其分类；地层接触关系的类型；外动力地质作用及其形成的地貌等内容。

三、实验用品

1. 岩层产状要素的模型；
2. 褶皱要素及各类褶皱模型；
3. 断层要素及各类断层模型；
4. 几种地层接触关系模型；
5. 外动力地质作用模型。

四、实验内容、方法与注意事项

1. 岩层的基本产状(图14－1)

(1) 观察水平、直立、倾斜三种产状的岩层其平面与剖面上的表现特征；

(2) 观察新、老岩层的相对位置在三种基本产状模型中，其平面与剖面上的表现。

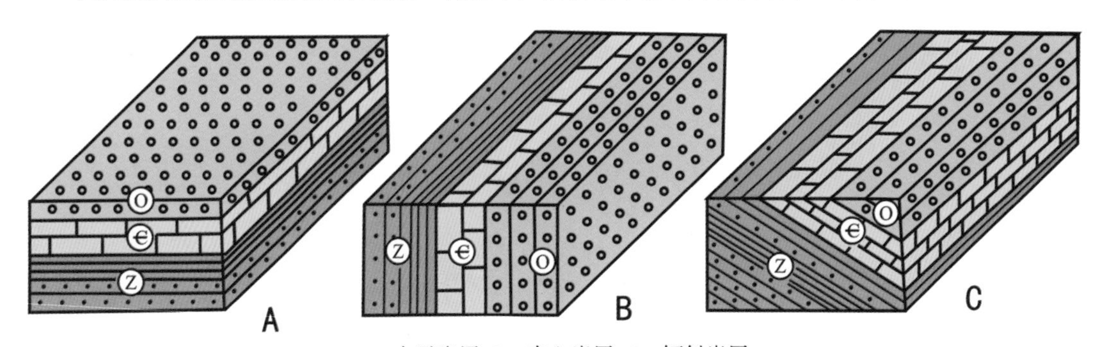

A－水平岩层；B－直立岩层；C－倾斜岩层

图14－1　岩层的基本产状(陈智娜等，1991)

2. 褶皱

(1) 褶皱要素(图14-2)

通过观察掌握褶曲的核部、翼部、轴面、枢纽、轴线(轴迹)、弧尖(转折端)、高点等褶皱要素的含意及其相对位置，并度量褶皱的长、宽、高。

(2) 褶皱存在的依据

褶皱的基本类型是背斜和向斜，它们存在的共同点是不同时代的地层在平面与横剖面上均表现为对称式重复出现。

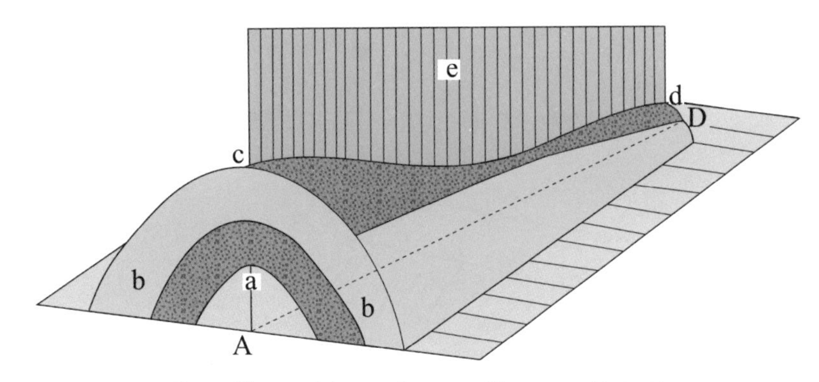

a－核；b－翼；c－弧尖；cd－枢纽；e－轴面；AD－轴线(轴迹)

图14－2 褶皱的几何要素(舒良树,2010)

(3) 确定褶皱的性质与类型

确定褶皱存在后,需要通过以下几方面确定其性质及类型(图14－3):

根据地层的新老关系及产状区分向斜和背斜,核老翼新者为背斜(图14－3A);反之为向斜(图14－3B)。背斜往往表现为核部地层上凸;向斜核部则下凹。

根据褶皱轴面的产状可区分为直立、歪斜、倒转、平卧或翻转等褶皱。

根据褶皱横剖面的形态可区分为圆弧形、尖棱状、箱状、扇状、挠曲等。

根据枢纽产状可区分为水平褶皱或倾伏褶皱(图14－3C和D)。根据褶皱平面形态,即长短轴之比,可区分为穹状(或盆状)、短轴或线状褶皱。

根据褶皱的剖面组合形态可区分为复背斜、复向斜、隔档式或隔槽式等褶皱。

根据褶皱的平面组合形式可区分为平行型、斜列型或弧形等褶皱。

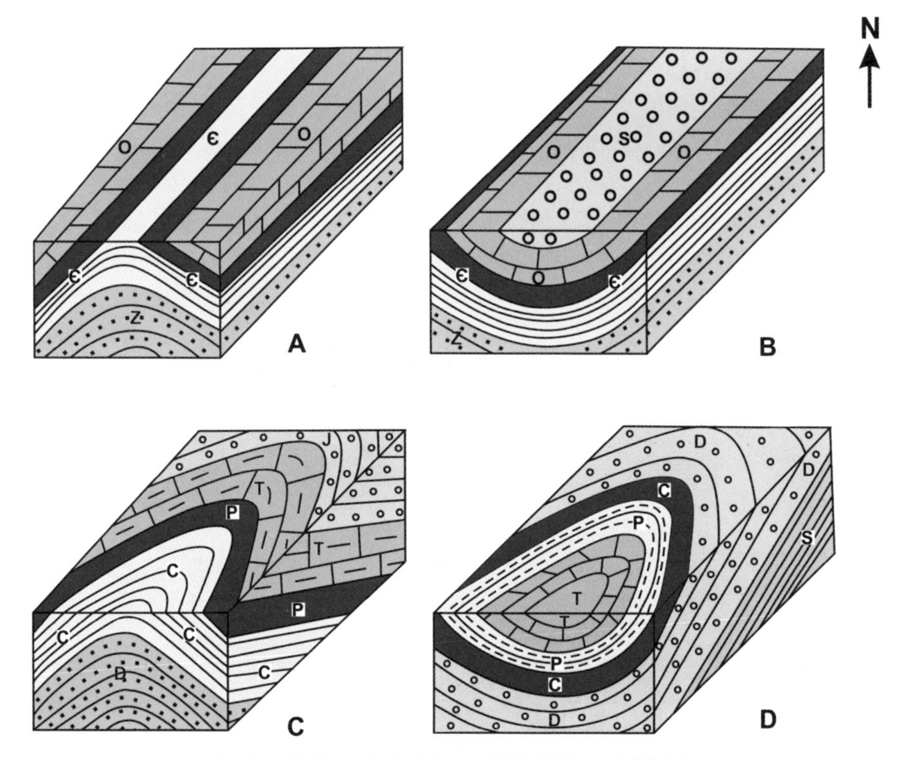

A－直立背斜;B－直立向斜;C－倾伏背斜;D－倾伏向斜

图14－3 几种常见的褶皱类型(陈智娜等,1991)

3. 断层

(1) 断层要素(图14-4)

通过观察掌握断层面、断层线、断层带、断盘(上盘、下盘)、上升盘与下降盘等要素的含义及其所在位置。

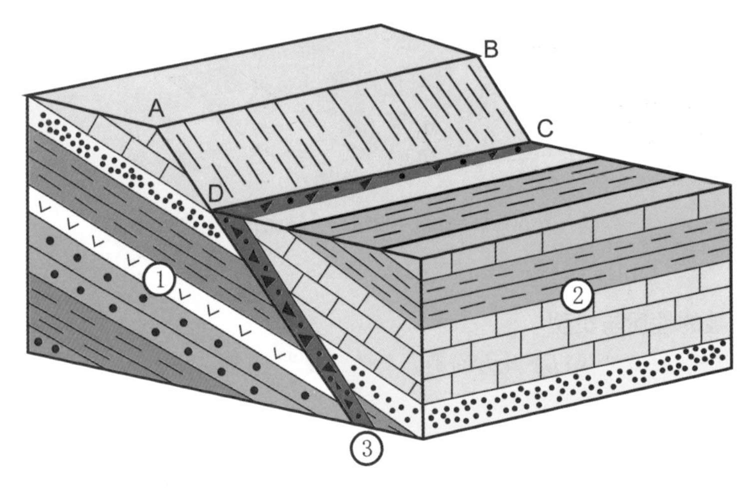

①-下盘;②-上盘;③-断层角砾岩带;CD-断层线;ABCD-断层面

图14-4 断层要素(陈智娜等,1991)

(2) 断层的依据

在模型中断层是否存在,主要取决于平面和剖面上地层的分布状况:如果(1)地层出现非对称式重复或缺失;(2)地层沿走向中断(即与不同时代的地层接触)等,即可确定断层的存在和位置。

(3) 确定断层的性质与类型

确定断层存在后,需通过以下几方面的观察进一步确定其性质与类型(图14-5):

观察断层走向与地层走向的关系,从而判别其属于走向断层、倾向断层还是斜向断层。

观察断层两盘的运动方向,从而判别其属于正断层(图14-5A~C)、逆断层(图14-5D~F),还是平移断层(图14-5G)。

根据断层线与褶皱轴线方向的关系,判别其属于纵断层、横断层还是斜断层。

根据断层组合关系判别地垒、地堑、阶梯状断层、叠瓦状断层、放射状断层或环状断层等。

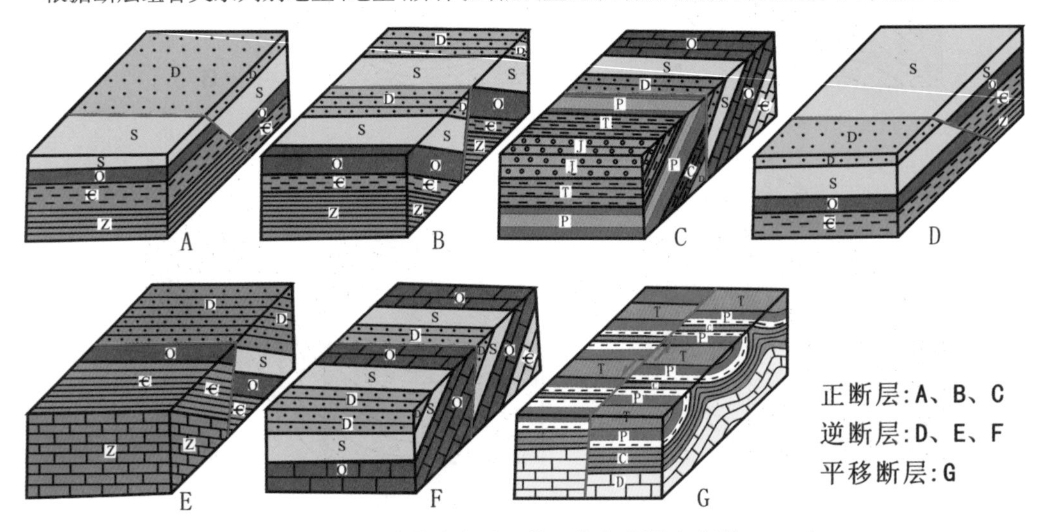

图14-5 断层的基本类型及其几种表现(陈智娜等,1991)

4. 地层接触关系

地层接触关系包括地层间的整合、假整合和不整合；与侵入体的接触关系有侵入接触和沉积接触；此外还有断层接触等(图 14 - 6)。

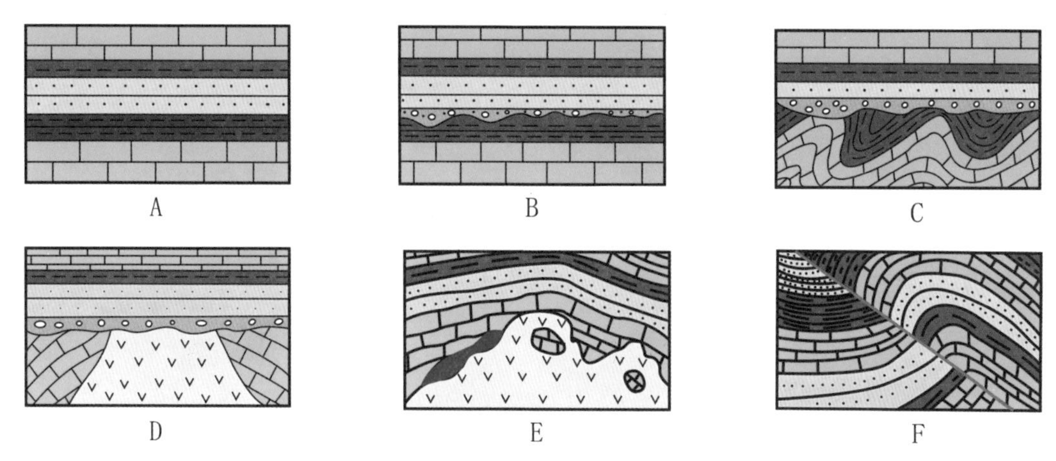

A - 整合接触；B - 假整合接触；C - 不整合接触；D - 沉积接触；E - 侵入接触；F - 断层接触

图 14 - 6　地层接触关系(陈智娜等，1991)

5. 几种外动力地质作用模型

(1) 河流的形成与演化

大气降水至地表，除部分蒸发与渗入地下外，其余部分经片流、洪流，汇成沿沟谷流动的暂时性水流，再经下切和溯源侵蚀，当沟谷达到潜水面或沟头延伸至冰水补给区时，变形成河流。河流经历幼年期(图 14 - 7A)、壮年期(图 14 - 7B)、老年期(图 14 - 7C)各阶段，逐渐形成河曲、蛇曲，最后截弯取直形成牛轭湖(图 14 - 7D)。

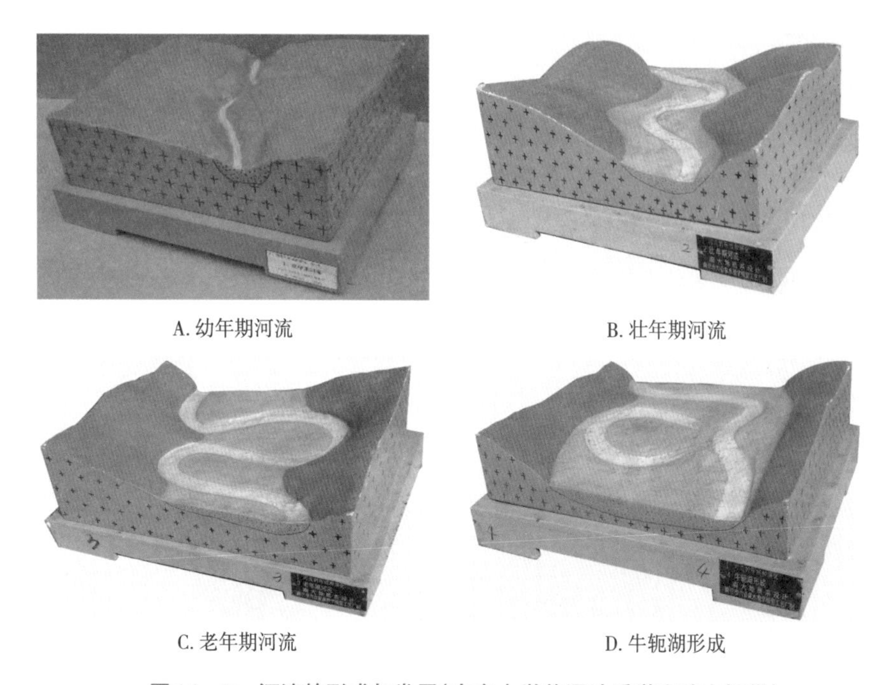

A. 幼年期河流　B. 壮年期河流

C. 老年期河流　D. 牛轭湖形成

图 14 - 7　河流的形成与发展(南京大学普通地质学实验室摄供)

(2) 河流阶地的形成与发展

河流的下切与旁蚀作用，使河谷不断加深与加宽，在沉积作用下逐渐形成河漫滩，再经地壳上升或水面下降，河漫滩相对被抬高，便形成阶地，原河漫滩成了阶面，靠近河床处下切形成阶坡。经过几次地壳平稳与上升或海平面高、低周期性交替，使河谷两侧出现Ⅰ级、Ⅱ级或多级阶地(图14－8)。

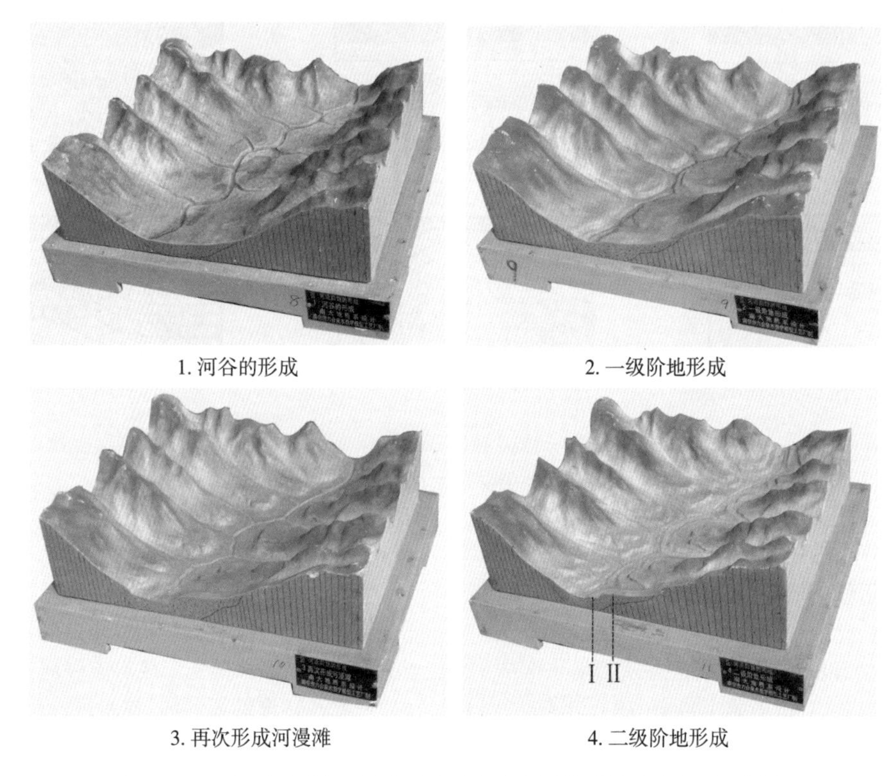

1. 河谷的形成　　2. 一级阶地形成

3. 再次形成河漫滩　　4. 二级阶地形成

图14－8　河流阶地的形成与发展(南京大学普通地质学实验室摄供)

(3) 地下水的作用及喀斯特地貌的演变

由于地表水的地质作用，出露地表的石灰岩最初形成溶沟、石芽；再进一步溶蚀和潜蚀，形成漏斗、落水洞、溶洞、地下河、天生桥、溶蚀谷等喀斯特地貌。在地表水和地下水长期的侵蚀下，天生桥塌落，可形成孤峰和各种峰林，最后演变形成喀斯特平原(图14－9)。

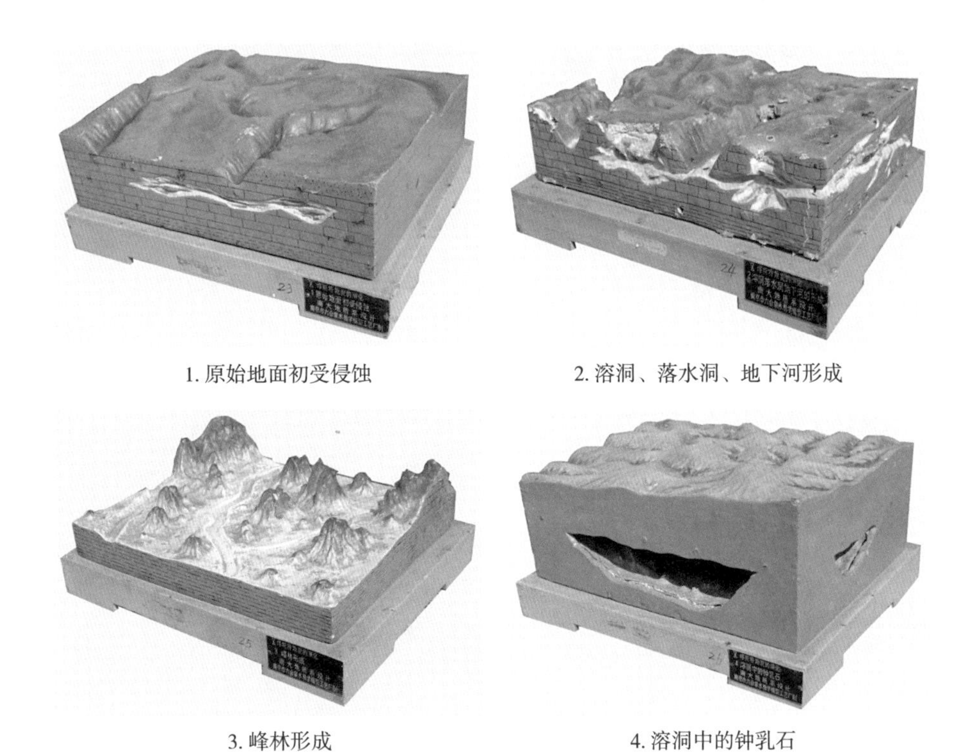

1. 原始地面初受侵蚀

2. 溶洞、落水洞、地下河形成

3. 峰林形成

4. 溶洞中的钟乳石

图 14 – 9　喀斯特地貌的演变(南京大学普通地质学实验室摄供)

五、实验报告

观察描述各种地质构造模型,讨论模型代表的地质意义。

第二部分

普通地质学复习指导

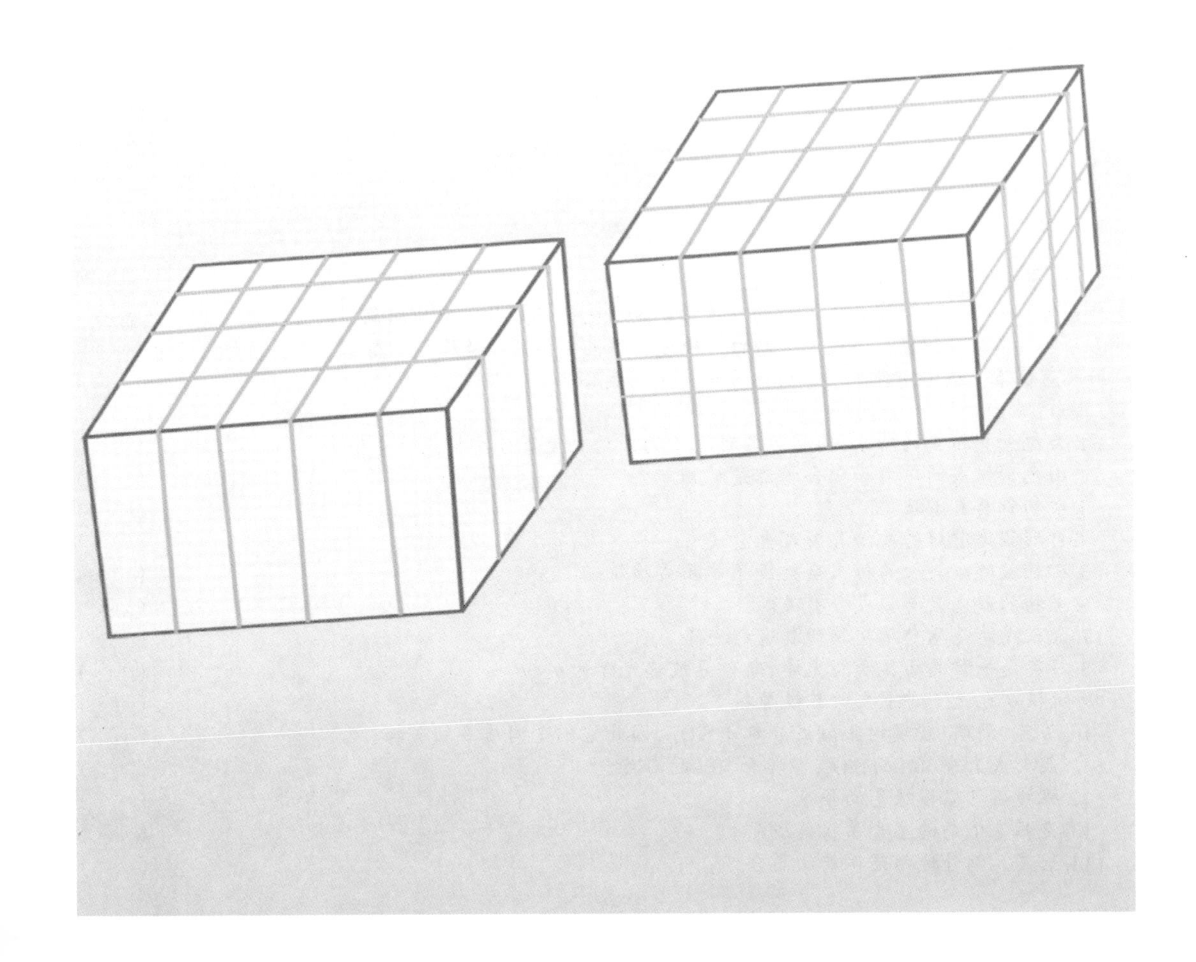

第一章 绪 论

一、名词解释

地球科学 地质学 普通地质学 均变说 灾变说 将今论古 活动论 以古论今、论将来

二、填空题

1. 地质学研究的主要对象是(　　　)、(　　　)。

2. 地质学的研究内容主要包括(　　　)、(　　　)、(　　　)、(　　　)及(　　　)等若干方面。

3. 地质学的研究程序一般包括(　　　　)、(　　　　)、(　　　　)及(　　　　)等方面。

4. "The present is the key to the past."这句话的意思是(　　　　　　　　)。简言之，就是地质研究中常用的(　　　　　　)的思维方法。这一思维方法由英国地质学家(　　　　　)所提出，并由(　　　　　)发展和确立。

5. 地质学研究的主要依据是保存在岩石中的各种(　　　　　)。

三、问答题

1. 从总的方面看地质学的研究对象具有哪些特点？针对这些特点，地质学研究采取了哪些特殊的研究方法？

2. 研究地质学有哪些重要的理论意义和实际意义？

3. 在地质学中又可分出哪些分支学科？各分支学科的主要研究内容是什么？

4. 在应用"将今论古"的思维方法进行地质分析时应注意哪些问题？

5. 怎样正确认识"均变说"与"灾变说"对地质发展演变过程的解释？

6. "普通地质学"课程的性质与任务是什么？

7. 学了"绪论"部分以后，你对地质学和地质工作有了哪些初步认识？

8. 我国地学研究有哪些地域优势？

第二章 矿物

一、名词解释

克拉克值 元素丰度 矿物 准矿物 单质矿物 化合物矿物 类质同象 同质多象 晶质体晶面 结晶习性 条痕 解理 解理面 断口 硬度 弹性 挠性 延展性 晶体 非晶质体 准晶体 放射性同位素 稳定同位素 摩氏硬度计 矿物集合体

二、是非题

1. 为纪念克拉克的功绩，通常把各种元素的平均含量百分比称克拉克值。(　　)

2. 由元素组成的单质和化合物都是矿物。(　　)

3. 矿物都具有解理。(　　)

4. 自形程度愈好的矿物其解理也愈发育。(　　)

5. 矿物被碎成极细的粉末后就成了非晶质物质。(　　)

6. 矿物的颜色只与其成分有关。(　　)

7. 金属光泽是指金属矿物所具有的光泽。(　　)

8. 石英是一种晶面具油脂光泽，断口具玻璃光泽的矿物。(　　)

9. 黄铁矿也是一种重要的炼铁原料。(　　)

10. 石英、玛瑙、玻璃的主要成分都是 SiO_2，因此它们是同质多象矿物。(　　)

11. 某火成岩含50%的 SiO_2，即其含50%的石英。(　　)

12. 橄榄石具橄榄绿色的条痕。(　　)

13. 克拉克值高的元素易富集成矿。(　　)

14. 岩石无例外地都是矿物的集合体。(　　)

15. 出露在地表的火成岩都是喷出岩。 (　　)
16. 地下深处正在结晶的岩浆其温度比同源喷出地表的熔浆低。 (　　)
17. 火成岩根据石英含量多少，可进一步分成超基性、基性、中性与酸性四类。 (　　)
18. 组成花岗岩的石英都不具自形特征，故它们都是非晶质体。 (　　)
19. 因花岗岩是由石英、长石、云母等矿物组成的，所以凡由上述三种矿物组成的岩石必为花岗岩。 (　　)
20. 粗碎屑岩中的粗碎屑都具有较强的抗风化能力。 (　　)
21. 沉积岩广泛分布于地表，是地壳组成中含量最多的一类岩石。 (　　)
22. 岩石的颜色只与组成岩石的矿物成分有关。 (　　)
23. 只有沉积岩才具有成层构造特征。 (　　)
24. 变质岩只形成于地壳的较深部位。 (　　)
25. 重结晶作用只发生在变质作用过程中。 (　　)
26. 鲕状是岩石的一种构造特征。 (　　)
27. 沉积岩中不可能含有火成岩和变质岩的成分。 (　　)
28. 酸性岩浆侵入并同化基性围岩后，可进一步提高岩浆的酸性。 (　　)

三、选择题

1. 下列全由矿物组成的一组是(　　)。
a. 石英、玛瑙、煤、云母　　b. 辉石、沥青、石油、金刚石
c. 人造水晶、矿泉水、长石、方解石　　d. 雪花、高岭石、石英晶簇、花岗斑岩中的长石斑晶
2. 下列可共生在同一类火成岩中的矿物是(　　)。
a. 石英、橄榄石、辉石、白云母　　b. 钾长石、钠长石、石英、黑云母
c. 钾长石　　d. 橄榄、钙长石、辉石、角闪石
3. 基性岩与酸性岩的不同主要表现在(　　)。
a. 形成深度　　b. 矿物成分　　c. 颜色　　d. 结构构造
4. 沉积岩形成过程中各种作用的先后顺序是(　　)。
a. 风化——搬运——剥蚀——沉积——成岩　　b. 风化——剥蚀——搬运——沉积——成岩
c. 剥蚀——风化——搬运——沉积——成岩　　d. 剥蚀——搬运——沉积——成岩
5. 下列纯属由变质作用形成的矿物组是(　　)。
a. 红柱石、角闪石、高岭石、磁铁矿　　b. 橄榄石、辉石、角闪石、黑云母
c. 白云母、蓝晶石、石墨、石榴子石　　d. 绢云母、刚玉、蓝闪石、滑石
6. 下列纯属硅酸盐类的矿物组是(　　)。
a. 钾长石、高岭石、红柱石、滑石　　b. 石英、橄榄石、天然汞、钾长石
c. 萤石、石榴子石、白云母、角闪石　　d. 辉石、方解石、石膏、黄铁矿
7. 下列具大致相同矿物组成的岩石组是(　　)。
a. 花岗岩、长石石英砂岩、花岗片麻岩　　b. 辉长岩、辉绿岩、安山岩
c. 花岗岩、花岗斑岩、流纹岩　　d. 粉砂岩、石英砂岩、石英质砾岩
8. 下列可共存于一块岩石标本中的结构特征是(　　)。
a. 全晶质、斑状、不等粒、自形　　b. 全晶质、似斑状、半自形、等粒
c. 全晶质、半自形、等粒、中粒　　d. 全晶质、超显微、自形、鳞片状
9. 下列可共存于一块岩石标本中的结构特征是(　　)。
a. 块状、波状层理、泥裂、波痕　　b. 气孔状、枕状、流纹状、杏仁状
c. 板状、千枚状、片状、片麻状　　d. 平行层理、缝合线、薄层状、假晶
10. 下列属于沉积岩中最常见的矿物组是(　　)
a. 石英、斜长石、方解石、黑云母　　b. 钾长石、高岭石、白云母、石英
c. 方解石、白云石、石盐、角闪石　　d. 赤铁矿、石膏、钾盐、石榴子石
11. 下列完全用于描述岩石结构特征的术语组是(　　)。
a. 变余砂状、竹叶状、粒状、斑状　　b. 似斑状、全晶质、鲕状、生物碎屑
c. 等粒状、泥质、片状、结核　　d. 碎斑、非晶质、波痕、粗粒
12. 下列完全用于描述岩石构造特征的术语组是(　　)。
a. 气孔状、平行层理、块状　　b. 变余泥裂、变余层理、变余砂状、变余气孔
c. 流纹状、枕状、杏仁状、斑状　　d. 等粒、泥质、生物碎屑、鲕状

13. 下列具有极完全解理的矿物是(　　)。
a. 方解石　b. 白云母　c. 辉石　d. 橄榄石

14. 下列均具中等解理的矿物组是(　　)。
a. 辉石、角闪石、长石、方解石　b. 白云母、黑云母、金云母、绢云母
c. 长石、辉石、角闪石、红柱石　d. 石墨、黄铜矿、磷灰石、萤石、石盐

15. 下列均无解理的矿物组是(　　)。
a. 黄铜矿、石英、橄榄石、赤铁矿　b. 方铅矿、闪锌矿、磁铁矿、石榴子石
c. 黄铁矿、铝土矿、石榴子石、磁铁矿　d. 褐铁矿、磷灰石、萤石、石盐

16. 下列均能被石英所刻动的矿物组是(　　)。
a. 石墨、石膏、方解石、磷灰石　b. 萤石、长石、云母、滑石
c. 橄榄石、角闪石、辉石、刚玉　d. 黄铁矿、黄铜矿、方铅矿、石榴子石

17. 石灰岩变成大理岩所发生的主要变化是(　　)。
a. 矿物成分　b. 岩石结构　c. 岩石构造　d. 岩石颜色

18. 某变质岩含90% SiO_2，可推知其原岩是(　　)。
a. 某种火成岩　b. 某种沉积岩　c. 某种变质岩　d. a、b、c均可

四、填空题

1. 组成地壳的物质可分成(　　)、(　　)和(　　)三个不同的级别。

2. 地壳物质组成中含量最多的三种元素是(　　)、(　　)和(　　)；含量最多的两种矿物是(　　)和(　　)；根据化学组成，含量最多的是(　　)盐类矿物。

3. 肉眼鉴定矿物时，主要根据矿物的(　　)、(　　)和(　　)等物理性质。

4. 肉眼鉴定矿物时，可将矿物单体形态分成(　　)、(　　)和(　　)三种类型。

5. 写出下列矿物常见单体形态特征：石榴子石为(　　)；角闪石为(　　)；辉石为(　　)；橄榄石为(　　)；长石为(　　)；石英为(　　)。

6. 写出下列矿物的常见解理特征：方解石为(　　)；黑云母为(　　)；辉石为(　　)；斜长石为(　　)；石英为(　　)；橄榄石为(　　)。

7. 写出下列矿物相对硬度：石英为(　　)；刚玉为(　　)；磷灰石为(　　)；白云母为(　　)。

8. 写出下列矿物所属化学类别：自然硫为(　　)；磁铁矿为(　　)；方铅矿为(　　)；萤石为(　　)；重晶石为(　　)；蓝闪石为(　　)。

9. 除一般的光学性质与力学性质外，下列可作为鉴别时的特殊性质的分别有：磁铁矿的(　　)；滑石的(　　)；石墨的(　　)和(　　)；云母的(　　)。

10. 各类火成岩的 SiO_2 含量分别是：超基性岩为(　　)；基性岩为(　　)；中性岩为(　　)和酸性岩为(　　)。

11. 组成沉积岩的物质主要来自(　　)、(　　)、(　　)、(　　)等方面。

12. 碎屑岩的三种基本胶结类型是(　　)、(　　)和(　　)。

13. 沉积岩常见的层面构造有(　　)、(　　)、(　　)等。

14. 碎屑岩所具有的结构统称为(　　)结构；泥质岩所具有的结构统称为(　　)结构；化学岩和生物化学岩所具有的结构统称为(　　)结构和(　　)结构。

15. 区别石灰岩与石英岩的最简便方法是在岩石上加(　　)，如有(　　)反应的则为石灰岩。

16. 区别石灰岩与白云岩的最简便方法是在岩石上加(　　)，如有(　　)反应者为石灰岩，仅有(　　)反应的为白云岩。

17. 引起岩石发生变质的主要因素是(　　)、(　　)和(　　)。

18. 写出下列不同变质作用类型所形成的代表性岩石：热接触变质的(　　)；接触交代变质的(　　)；区域变质的(　　)和(　　)等；动力变质的(　　)。

19. 矽卡岩是(　　)或(　　)岩浆侵入(　　)围岩中经(　　)变质作用而形成的一类变质岩。

20. 火山碎屑岩按其组成物质的颗粒大小不同可分为(　　)和(　　)等类别。

21. 火成岩和沉积岩经(　　)作用可转变成变质岩；火成岩与变质岩经(　　)作用可转变成沉积岩；沉积岩和变质岩经(　　)作用可转变成火成岩。

22. 根据岩浆冷凝固结时的环境不同，可把火成岩分成(　　)、(　　)和(　　)三类。

23. 主要化学岩和生物化学岩有(　　)、(　　)、(　　)、铝质岩、锰质岩等。

五、问答题

1. 地壳在元素组成方面有哪些基本特点?

2. 组成地壳的元素仅90多种,为什么组成地壳的矿物却可以达到数千种?

3. 矿物的颜色与条痕色有什么不同?为什么有时用条痕色作为鉴别某些矿物的依据?在利用条痕色鉴定矿物时要注意哪些问题?

4. 地壳在矿物组成方面具哪些基本特点?

5. 地壳在岩石组成方面具哪些基本特点?

6. 组成地壳的各种元素的克拉克值会不会变?为什么?

7. 碎屑岩中主要有哪几种胶结物?如何区别它们?

8. 火成岩分类表向我们提供了有关火成岩的哪些基本内容?

9. 成层构造与层理有什么不同?

10. 列表比较三大岩类的主要区别。

11. 某些元素在地壳中的含量很低,却何以能形成可供开采的矿产?为什么说岩石是矿物的集合体?

12. 矿物的六项基本特征。

13. 矿物常规鉴定方法。

第三章　岩浆作用与火成岩

一、名词解释

岩浆　岩浆作用　喷出作用　侵入作用　火山　火山口　破火山口　火山锥　火山灰　熔岩　岩基　岩株　岩床　岩盘　岩墙　捕虏体　顶垂体　液态分异　结晶分异　同化混染　岩浆矿床　伟晶矿床　岩浆期后矿床　科马提岩　波状熔岩　块状熔岩　柱状节理　红顶现象　围岩岩石　火成岩　超基性岩　基性岩　中性岩　酸性岩　岩石的结构　显晶质结构　隐晶质结构　等粒结构　不等粒结构　斑状结构　似斑状结构　粗粒结构　中粒结构　细粒结构　自形晶　半自形晶　它形晶　岩石的构造　气孔状构造　杏仁状构造　流纹状构造　块状构造　枕状构造　鬣刺结构　柱状节理　安山岩线

二、是非题

1. 岩浆作用与变质作用是相互有着密切联系的两个作用。　(　　)

2. 溶解到岩浆中的挥发性物质实际上不是岩浆的物质组成部分。　(　　)

3. 地球上玄武质岩浆占所有岩浆总和的80%。　(　　)

4. 溶解到岩浆中的气体对岩浆的性质不产生影响。　(　　)

5. 火山喷出的气体大部分是水蒸气,但是,大多数岩浆原生水的含量不超过3%。　(　　)

6. 熔岩的流动性主要取决于粘性。而粘性主要取决于熔岩的成分,基性熔岩含铁镁成分多,比重大,故粘性大不易流动。　(　　)

7. 熔岩的流动性与温度有关,温度升高,其粘性降低,因此更易流动。　(　　)

8. 岩浆中二氧化硅的含量对岩浆的粘性没有影响。　(　　)

9. 玄武质成分的岩浆通常流动缓慢,故多形成块状熔岩。　(　　)

10. 流纹质熔岩粘性很大所以流动缓慢。　(　　)

11. 安山质熔岩与流纹质熔岩由于岩浆粘性大,尤以酸性岩浆为甚,它们喷发时常很猛烈。(　　)

12. 在大型复式火山锥的斜坡上可形成数个寄生锥。　(　　)

13. 有的人认为火山喷发的形式演化顺序是熔透式→裂隙式→中心式,现代火山多为中心式,而冰岛的火山是现代裂隙式火山的典型代表。　(　　)

14. 火山有活火山和死火山,一旦火山停止喷发,它就变成了死火山,永远不会再喷发了。(　　)

15. 火山活动对于人类来讲是百害而无一利。　(　　)

16. 火山灰很容易风化形成较为肥沃的土壤。　(　　)

17. 地下的岩浆活动可能触发毁灭性地震。　(　　)

18. 火山喷发的尘埃悬浮在大气中可以保持许多年。　(　　)

19. 现在所有的热泉都与火山作用有密切关系。　(　　)

20. 含水的岩石其熔点低于不含水的岩石。　(　　)

21. 上地幔的成分很像在蛇绿杂岩体中所见到的橄榄岩。 (　　)

22. 安山质和流纹质的岩浆只能从陆壳物质的部分重熔中分异出来。 (　　)

23. 当早期形成的晶体下沉到岩浆房的底部也就出现岩浆重力分异作用。 (　　)

24. 一旦晶体从岩浆中形成,它就不再与残留的熔浆发生反应。 (　　)

三、选择题

1. 下列哪种矿物不能在花岗岩中出现?(　　)

a. 黑云母　　b. 石英　　c. 钾长石　　d. 钙长石

2. 下列哪种矿物是玄武岩的典型矿物成分?(　　)

a. 石英　　b. 白云母　　c. 辉石　　d. 钠长石

3. 安山岩主要是下列哪种作用的产物?(　　)

a. 沉积物和超镁、铁质岩石在俯冲带的部分重熔　　b. 沉积物和花岗岩的部分重熔

c. 玄武岩质熔浆结晶分异作用的产物　　d. 花岗岩的结晶分异作用的产物

4. 高原玄武岩的形成是下列哪种作用的结果?(　　)

a. 古海洋洋中脊的裂隙喷发　　b. 是在大陆岩石圈板块内与热点有关的一种火山喷发

c. 与安山岩线类似的成因　　d. 大陆一般的火山喷发

5. 世界活火山最主要集中在(　　)。

a. 扩张板块边界　　b. 地幔热柱的岩浆源的上面　　c. 活动的俯冲带　　d. 古老造山带

6. 枕状熔岩形成于(　　)。

a. 水下的熔岩喷发　　b. 陆地的熔岩喷发　　c. 熔岩台地　　d. 炽热的火山云

7. 破火山口是下列哪种原因形成的?(　　)

a. 猛烈喷发时爆炸　　b. 自边缘裂隙喷出的熔岩堆积　　c. 几次喷发的错位　　d. 紧跟爆发之后的下陷

8. 下列哪种火山景观不是由玄武岩构成的?(　　)

a. 熔岩高原　　b. 洋中脊　　c. 盾状火山　　d. 火山穹隆

9. 火山气体喷发物最主要成分是下列哪一种?(　　)

a. 水蒸气　　b. 氨气　　c. 二氧化碳　　d. 二氧化硫

10. 大量的安山岩主要分布于下列哪个地带?(　　)

a. 岩石圈板块的离散边界　　b. 大陆裂谷　　c. 岩石圈板块的俯冲带　　d. 大洋板块内的海底平顶山

11. 下列哪种火成岩侵入体在自然界是不可能存在的?(　　)

a. 花岗岩基　　b. 流纹岩岩盆　　c. 辉绿岩床　　d. 辉长岩岩株

12. 古熔岩流与岩床这两种火成岩产状有明显的区别是下列哪两点?(　　)

a. 与下伏地层接触变质的范围大小不同　　b. 厚度不同

c. 上覆地层是否变质　　d. 矿物颗粒大小不同

13. 含较多橄榄石的玄武岩浆在冷凝时,随着温度的降低所形成的不连续系列矿物晶体的顺序为(　　)。

a. 角闪石→辉石→橄榄石→黑云母　　b. 辉石→角闪石→黑云母→橄榄石

c. 黑云母→角闪石→辉石→橄榄石　　d. 橄榄石→辉石→角闪石→黑云母

14. 岩浆在冷凝过程中,不同矿物按不同温度进行结晶的作用叫作(　　)。

a. 同化作用　　b. 熔离分异　　c. 结晶分异作用　　d. 混染作用

四、填空题

1. 决定岩浆性质最重要的化学成分是(　　　),根据它的百分含量可把岩浆分为(　　　)、(　　　)、(　　　)和(　　　)四类。

2. 假设有一火成岩 SiO_2 平均含量为50%,它可能是(　　　)、(　　　)类的岩石。

3. 熔岩的粘性主要取决于熔岩的化学成分和(　　　)、(　　　)等。

4. 现今所观察到的世界最大的典型裂隙式喷发是在1983年(　　　)的莱克(　　　);是由于它位于北美板块和(　　　)板块之间的扩张边界上面。

5. 火山期后现象有(　　　)、(　　　)等,美国黄石公园著名的间歇喷泉(　　　)和我国云南腾冲的(　　　)、(　　　)的死鱼河都是火山期后现象的例子。

6. 现在,一般认为,花岗岩的成因可以是"原始"岩浆(　　　)形成,也可以是陆壳岩石的(　　　)。

7. 洋壳玄武岩是从(　　　　　)里上升的玄武质岩浆造成的;而火山岛链和高原玄武岩的形成却与(　　　　)有关;长英质和中性熔岩的火山喷发大部分集中在活动的(　　　)正上方。

五、问答题

1.岩浆和熔岩有何区别？岩浆活动有哪几种方式？

2.岩浆的粘性大小是由哪些因素决定的？粘性的大小对岩浆作用产生哪些影响？

3.什么叫火山作用？火山机构？熔岩成分的差异会给火山机构带来哪些影响？

4.火山喷发的产物有哪些类型？各有何特征，并受哪些因素影响？

5.论述基、中和酸性岩浆的性质及其喷发特点(包括喷发物的性质和特征、喷发规律、火山锥的类型和特征)。

6.论述世界活火山的分布规律，请解释为什么有这样的规律。

7.从板块构造角度，岩浆的可能来源有哪些？你认为在世界范围内，最大量的岩浆是产生在哪一种类型的板块边界上？

8.在同一板块的俯冲带上产生岩浆的速度需不需要和扩张边缘上产生的速度相同？请解释。

9.据认为，从海洋扩张板块边界下面的地幔岩石中上升的玄武岩浆中含有一些水，试推测这些水的来源。如果是来自海洋的话，水可能以什么形式存在？

10.试述鲍文反应系列中连续反应、不连续反应系列各包含哪些依次晶出的矿物。两系列中矿物相互间的对应关系如何？

11.举例说明结晶分异作用对火成岩种类多样化的意义及岩浆进行结晶分异作用所需的条件。

12.火成岩产状有哪些类型？它们与岩石性质有哪些对应关系？

13.花岗岩岩基的成因有哪些类型？请加以评论。

14.火成岩的结构、构造与形成环境有何关系？

15.组成火成岩的主要矿物有哪些？副矿物有哪些？

16.如何识别从液态岩浆中结晶形成的花岗岩体？

17.如有两个侵入体是在不同温度下结晶形成的，你将用什么方法判断哪一种来自温度较高的岩浆？哪一种是来自温度较低的岩浆？

18.有什么证据表明岩浆中含有大量的水分？

19.软流圈是否是主要的岩浆源？是什么原因使得岩浆上升到地壳？

20.岩浆与熔岩之间有什么不同？举出几个类型的熔岩及它们粗晶质的侵入岩例子，加以说明。

21.为什么安山岩、流纹岩主要分布在大陆上，而玄武岩更多分布在海洋中？

22.为什么地表喷出岩中玄武岩比流纹岩分布广，而深成岩中花岗岩比辉长岩多？

23.你从主要的火成岩的命名上能否总结出火成岩命名的一些规律？

24.为什么岩浆仅有四类，而火成岩的种类繁多？

25.为什么基性岩和超基性岩的化学成分也含有大于40%的SiO_2，矿物成分里却一般不出现石英？

26.深成岩形成在地下较深的地方，为什么在地表也能见到？

27.基性熔浆比酸性熔浆易于流动，其主要原因是什么？

28.火山锥有几种类型？它们与火山喷发形式、物质组成及锥体内部构造之间的关系如何？

29.有哪些征兆可以标志一个正在喷发的火山是趋向活化或趋向熄灭？

30.根据哪些标志可以确定古火山活动的存在？

31.何谓部分熔融(选择熔融)？它对不同种类岩浆的形成有何意义？

32.为何深成岩没有气孔构造，而熔岩和浅成脉状侵入体边缘却有呈圆球形、椭球形或不规则形态的空洞？

33.如何确定沉积接触关系与侵入接触关系？

34.安山岩线的意义是什么？

35.火山的期后现象有哪些表现？

36.间歇喷泉与泉有什么不同？试述它的水源和补给关系。它是如何表现的？它为什么时喷、时歇？

37.论述世界火山分布的三大地带。

第四章 外动力地质作用与沉积岩

一、名词解释

大气圈 水圈 生物圈 科里奥利效应 沉积作用 固结作用 碎屑结构 非碎屑结构 碎屑岩 磨圆度 分选性原生沉积构造 平行层理 递变层理 粒序层理 反粒序层理 韵律层 交错层理 层面 冲刷构造 波痕 不对称波痕 对称波痕 干涉波痕 缝合线 重荷模 结核 龟背石 雨痕 冰雹痕 假晶 虫迹 同生褶皱 叠层石 虫迹 碎屑沉积岩 内源沉积岩 碎屑岩 粘土岩 生物岩 生物化学岩 碎屑结构 泥质结构 化学结构 生物结构 层理 层面构造 水平层理 波状层理 斜交层理 泥裂 印模 分选性 成熟度 胶结物 胶结类型 鲕状灰岩

二、是非题

1. 地球自转产生的偏转力——科里奥里力在赤道处最大,两极处最小。 ( )
2. 地球两极的理论重力值比赤道大。 ( )
3. 在同一纬度上,大陆上的重力值一般比海面上小。 ( )
4. 因为地心处重力值为零,所以地心处压力值也为零。 ( )
5. 地球内部物质密度随深度增加呈直线增加。 ( )
6. 某地磁倾角为正值,则该地必位于北半球。 ( )
7. 某地磁偏角为东偏4° ,在进行磁偏角校正时,应在所测方位角值上加这个偏值。 ( )
8. 磁场强度的垂直分量在赤道上趋于零,在两极处最大。 ( )
9. 磁场强度的水平分量在两极处最小,在赤道上最大。 ( )
10. 地球上获得太阳辐射能最多的部位是赤道。 ( )
11. 在同一热源情况下,热导率小的地区地温梯度较大。 ( )
12. 岩石的热导率随温度的升高而增大。 ( )
13. 地壳以下温度随深度的增加而升高的规律称地热增温率。 ( )
14. 地壳与地幔合在一起又被称为岩石圈。 ( )
15. 软流圈的物质全部处于熔融状态。 ( )
16. 陆壳下的莫霍面深度随地面高程的增加而增加。 ( )
17. 地磁轴与地理轴的夹角称磁偏角。 ( )

三、选择题

1. 大气圈中与地质作用关系最密切的次级圈层是( )。
   a. 平流层 b. 对流层 c. 中间层 d. 热成层
2. 地球上重力值最小的部位是( )。
   a. 地心 b. 地面 c. 莫霍面 d. 古登堡面
3. 地球上重力值最大的部位是( )。
   a. 地心 b. 地面 c. 莫霍面 d. 古登堡面
4. 若某地平均地热增温率为3℃/100m,那么,该地含磁性岩石与不含磁性岩石的分界深度约在 ( )。
   a. 5km b. 10km c. 15km d. 20km
5. 地面上的重力值( )。
   a. 随高程的增加而增大 b. 随高程的增加而减少
   c. 随纬度的增加而增大 d. 随纬度的增加而减少
6. 随深度增加地热增温率的变化规律是( )。
   a. 不断增大 b. 不断变小 c. 先增大后变小 d. 先变小后增大
7. 就全球范围看,恒温层的相对平均深度大致是( )。
   a. 赤道和两极比中纬度地区深 b. 赤道和两极比中纬度地区浅
   c. 内陆比沿海地区深 d. 内陆比沿海地区浅
8. 陆壳与洋壳的边界位于( )。
   a. 海岸高潮线处 b. 海岸低潮线处 c. 大陆架外缘处 d. 大陆坡的坡脚处
9. 地球内部温度升高最快的部位是( )。
   a. 地壳 b. 上地幔 c. 下地幔 d. 地核

10. 划分地球内部圈层构造时所用的主要地球物理方法是(　　)。
a. 古地磁法　　b. 地电法　　c. 地震波法　　d. 重力法

11. 下列各类火成岩中含放射性元素较多的是(　　)。
a. 花岗岩类　　b. 玄武岩类　　c. 闪长岩类　　d. 辉长岩类

12. 一般认为重力均衡补偿面位于(　　)。
a. 莫霍面以上　　b. 莫霍面　　c. 莫霍面与岩石圈底面之间　　d. 软流圈中

13. 较好的解释重力均衡现象的是(　　)。
a. 康德-拉普拉斯假说　　b. 艾里假说
c. 威尔逊假说　　d. 艾里假说和普拉特斯假说的结合

14. 地球最主要的热源是(　　)。
a. 太阳能　　b. 地球内部放射性元素衰变能　　c. 重力分异能　　d. 构造作用能

四、填空题

1. 地球的重力主要来源于(　　　　)。
2. 洋壳的平均地温梯度为(　　　　)℃;陆壳的平均地温梯度为(　　　　)℃。
3. 大陆平均地表热流值为(　　　　)HFU;洋底平均地表热流值为(　　　　)HFU;全球实测平均地表热流值为(　　　　)HFU。
4. 陨石按化学成分不同可分成(　　　　)、(　　　　)和(　　　　)三大类。
5. 当今陆地上两个最主要的山系是(　　　　)和(　　　　)。
6. 发育于西太平洋的主要海沟有阿留申海沟、千岛海沟、(　　　　)、(　　　　)、(　　　　)、菲律宾海沟、汤加—克马德克海沟等。
7. 大陆边缘可分为(　　　　)与(　　　　)两种不同类型。
8. 外力作用包括(　　　　)、(　　　　)、(　　　　)、(　　　　)和(　　　　)等作用。
9. 内力作用包括(　　　　)、(　　　　)、(　　　　)和(　　　　)等作用。
10. 陆壳的最大厚度可达(　　)km;洋壳最小厚度约(　　)km;全球地壳的平均厚度约(　　)km。
11. 岩石圈的平均厚度约(　　)km;软流圈的深度约从(　　)km到(　　)km。
12. 地球具有弹性,表现在(　　　　)和(　　　　)等方面。
13. 保留在岩石中的剩磁,根据它们的成因不同,可分成(　　　　)和(　　　　)等类型。

五、问答题

1. 试分析地球形状不是正球形的可能原因。
2. 举例说明研究地表形态特征的地质意义。
3. 我国地势的基本特点如何?
4. 地表实测重力值可能受哪些因素的影响而与理论重力值不相一致?
5. 为什么洋壳的地温梯度高于陆壳?
6. 为什么不能按全球平均地热增温率来求地心温度?
7. 举例说明研究大气圈的地质意义。
8. 举例说明研究水圈的地质意义。
9. 举例说明研究生物圈的地质意义。
10. 试分析地球内部圈层构造的可能形成原因。
11. 试述洋脊的主要分布特征。
12. 艾里模式与普拉特模式有什么共同与不同之处?
13. 划分地球内部圈层,推断地球内部各圈层物质组成与状态的主要依据有哪些?
14. 外动力地质作用的一般特征。
15. 沉积构造的研究意义。
16. 四类沉积岩的基本特征。
17. 沉积岩的主要特征。

第五章　变质作用与变质岩

一、名词解释

变质作用　正变质岩　副变质岩　重结晶作用　交代作用　接触变质作用　接触热变质作用　接触交代变质作用　矽卡岩　蚀变　动力变质作用　韧性剪切带　糜棱岩　区域变质作用　巴罗变质带　混合岩化　基体　脉体　花岗岩化　变质带　双变质带　片理　变质矿物　碎裂结构　静岩压力　脱水　脱碳酸反应　水合作用　碳酸化作用　变余构造　变成构造　斑点状构造　线理构造　变质岩　变余结构　变晶结构　变余构造　板状构造　千枚状构造　片状构造　片麻状构造　碎裂构造

二、是非题

1. 变质作用可以完全抹掉原岩的特征。（　　）

2. 变质作用最终可导致岩石熔化和形成新的岩浆。（　　）

3. 重结晶作用不能改变岩石原来的矿物成分。（　　）

4. 接触变质作用常常影响到大面积的地壳岩石发生变质。（　　）

5. 同质多相晶的矿物能够作为重结晶环境的指示矿物。（　　）

6. 标志变质作用程度的典型的级别顺序是低级变质作用的绿片岩、中级变质作用的角闪岩和代表高级变质作用的辉石变粒岩。（　　）

7. 标志高围压低温度形成的变质岩是蓝片岩，紧接着是榴辉岩。（　　）

8. 区域变质作用常常包含明显的机械变形。（　　）

9. 区域变质作用的变质程度表现出水平与垂直方向上都有变化。（　　）

10. 石灰岩经变质作用后只能变成大理岩。（　　）

11. 片岩、片麻岩是地壳遭受强烈构造运动的见证。（　　）

12. 高温、高压和强烈剪切作用是引起变质作用的最主要因素。（　　）

13. 当加热时，所有的岩石都可在一定温度下重新起反应。（　　）

三、选择题

1. 接触变质形成的许多岩石没有或几乎没有面理，这是因为（　　）。

a. 接触变质时几乎没有什么变形　　b. 接触变质在高温条件下进行的

c. 接触变质在低温条件下进行的　　d. 在变质过程中没有任何完好矿物重结晶

2. 富长英质成分（Al_2SiO_5的铝硅酸盐）的岩石在变质作用过程中随着温度、压力的逐渐增加可以形成Al_2SiO_5系列多形晶矿物，其顺序是（　　）。

a. 蓝晶石、红柱石、夕线石　　b. 红柱石、蓝晶石、夕线石

c. 夕线石、红柱石、蓝晶石　　d. 夕线石、蓝晶石、红柱石

3. 碎裂岩是动力变质的产物，它主要是由于（　　）和（　　）。

a. 沿断裂带机械变形　　b. 作为岩石接近熔点的塑性变形

c. 与花岗岩侵入有关　　d. 与断裂附近密集的节理有关

4. 下列哪一个不是变质作用的产物。（　　）

a. 变斑晶　　b. 眼球花岗岩　　c. 斑晶　　d. 麻粒岩

5. 蓝片岩是什么变质环境的标志性产物？（　　）

a. 接触变质　　b. 高温低压变质带　　c. 低温高压变质带　　d. 区域变质

6. 变质岩约占构成地壳物质的百分之几？（　　）

a.25　　b.15　　c.5　　d.35

7. 花岗片麻岩与花岗岩重要不同点在下列各点中是哪一点？（　　）。

a. 化学成分不同　　b. 矿物成分不同　　c. 岩石结构、构造不同　　d. 色率和比重不同

四、填空题

1. 在变质作用过程中，原岩转化成变质岩的过程基本是在（　　　　）状态下进行的。

2. 当岩浆侵入围岩时，接触带往往发生（　　　　　　）作用，如果见有角岩、石英岩或大理岩则是（　　　）变质，见有矽卡岩则是（　　　　）变质的结果。

3. 接触变质带的宽度取决于侵入体的（　　　　　）及围岩的（　　　　）。

4. 当区域变质作用发生时强烈的剪切作用伴随重结晶作用，使变质岩具有新的结构、构造，常见的构造有板劈理和(　　　　)、(　　　　)、(　　　　)、(　　　　)等。

5. 在变质作用过程中特定的物理条件范围内，适应该条件的一组矿物达到平衡，这种矿物组合称为(　　　　)。

6. 板岩、(　　　　)、(　　　　)和片麻岩是最常见的区域变质岩。

7. 变质反应常包括(　　　　)和二氧化碳的释放。

8. 页岩接触热变质后变成一种致密而无面理构造的岩石叫作(　　　　)；它的原词是德文hornfels，前缀"horn"表示岩石似(　　　　)的表面，而"fels"的意思是"岩石"。

9. 既有火成岩又有变质成分的复合岩叫作(　　　　)。

10. 火成岩、沉积岩经变质后形成变质岩，前者形成的变质岩称为(　　　　)；后者形成的变质岩称为(　　　　)。

五、问答题

1. 何谓变质作用与变质岩？

2. 变质作用与构造运动、岩浆作用有何内在联系？

3. 引起变质作用的因素有哪些？它们在变质过程中各起什么作用？

4. 你怎么鉴别一块岩石是变质岩或不是变质岩？

5. 现代变质作用可能在哪些地区产生？是什么原因引起的？

6. 风化作用与变质作用有哪些原则性的不同？

7. 原岩的物质组分对变质作用有哪些影响？

8. 线理、面理和片理是怎样形成的？它与层理有何区别？

9. 在八千米深处侵入石灰岩中的镁、铁质深成岩的接触带中能否发现有破碎带？为什么？

10. 由岩浆分异作用形成的花岗岩与花岗岩化形成的花岗岩，其形成过程有什么不同？野外如何确定？

11. 千枚岩和片岩可由哪些岩石变质而成？

12. 哪一种变质过程使得原岩矿物成分发生转化？温度和压力在变质过程中起什么样的作用？

13. 什么是接触变质带？它的内、外带与太平洋型的活动大陆边缘的双变质带有何不同？

14. 在变质环境中可以产生哪些独特的变质矿物？重结晶时一些原来在火成岩中见到的同样的矿物会继续存在或再次出现，它们又是哪些？

15. 在变质过程中H_2O与CO_2起什么样的作用？

16. 现代大洋中脊、岛弧、海沟等地的沉积物也会发生变质的现象，如何解释？

17. 岩石在强烈的剪切应力作用下也会变质吗？它会留下哪些蛛丝马迹？

18. 高岭石、蒙脱石等粘土矿物在变质过程中矿物或矿物组合是如何转变的？

19. 何谓基体、脉体，它的适用范围是什么？

20. 矽卡岩是如何形成的？有何找矿意义？

21. 混合岩化作用及其与岩浆混合作用的区别？

22. 变质岩的两大重要特征是什么？

23. 常见的特征变质矿物和代表的高压与超高压矿物。

24. 叙述变质作用、混合岩化作用和岩浆作用的异同点。

第六章　地质年代

一、名词解释

地质年代　相对地质年代　同位素(绝对)地质年代　地层层序率　生物层序率　地层切割率　岩层　地层　化石　标准化石　指相化石　沉积相　海相　陆相　过渡相　海进层序　海退层序　沉积旋迴　生物地层年表　岩石地层单位　宙代纪世宇界系统群组段　金钉子　活化石　假化石　生物大爆发　生物绝灭　澄江动物群　中华龙鸟

二、是非题

1. 不同时代的地层中含有不同门类的化石及化石组合。　(　　)

2. 古生代是爬行动物和裸子植物最繁盛的时代。　(　　)

3. 中生代的第一个纪叫三叠系。 ( )
4. 三叶虫是水下底栖固着生物。 ( )
5. 地层剖面中,沉积物质由下而上呈由粗到细的变化层序称海进层序。 ( )
6. 地球上最早出现的陆生植物是裸蕨植物。 ( )
7. 最早的爬行动物出现于三叠纪初期。 ( )
8. 第四纪是人类出现和发展的时代。 ( )
9. 半衰期愈长的同位素,在测定地质年代时作用也愈大。 ( )
10. 只有在沉积岩中才能找到化石。 ( )

三、选择题

1. 假设石炭纪中期是一个重要的成煤时期,下列表达方式中正确的是( )。
a. 中石炭统是重要的成煤时期 b. 中石炭系是重要的成煤时期
c. 中石炭纪是重要的成煤时期 d. 中石炭世是重要的成煤时期
2. 只能用作测定第四纪地层年代的放射性同位素方法是( )。
a. 钾—氩法 b. ^{14}C 法 c. 铀—铅法 d. 铷—锶法
3. 地球上已找到的属于原核生物的微体化石(即最原始的形式)距今的年龄是( )。
a.4.5Ga b.3.8Ga c.3.5Ga d.3.0Ga
4. 世界上目前所发现最原始化石的地点是( )。
a. 英国 b. 苏联 c. 中国 d. 南非
5. 真正陆生植物最初出现的时代是( )。
a. 寒武纪 b. 奥陶纪 c. 志留纪 d. 泥盆纪
6. 三叶虫是( )。
a. 节肢动物 b. 软体动物 c. 原生动物 d. 棘皮动物
7. 石炭二叠纪最重要的标准化石是( )。
a. 三叶虫、腕足类 b. 笔石、海绵等 c. 蜓、珊瑚等 d. 鱼类
8. 下列几种放射性同位素中半衰期最长的是( )。
a. ^{238}U b. ^{235}U c. ^{232}Th d. ^{87}Rb
9. 已知最古老岩石的同位素年龄是( )。
a.4.3Ga b.3.8Ga c.3.3Ga d.2.8Ga
10. 第三纪以来,马的演化特征是( )。
a. 个体由大变小,脚趾由多变少 b. 个体由大变小,脚趾由少变多
c. 个体由小变大,脚趾由多变少 d. 个体由小变大,脚趾由少变多

四、填空题

1. 寒武纪地层中含量最多的化石是( )。
2. 写出下列化石所属的保存类型:笔石是( );硅化木是( );恐龙足印是( );恐龙蛋是( );腕足类是( )和孢子花粉是( )。
3. 我国最古老的岩石发现于( )地区;其年龄约为( )。
4. 可形成化石的物质包括动物的( )、( )、( )、( )等;植物的( )、( )、( )及孢子花粉等。
5. 分辨岩层上、下层面的主要标志有( )、( )及( )等。
6. 地球形成于距今( )左右;太古宙与元古宙以距今( )为界;元古宙与古生代以距今( )为界;早、晚古生代以距今( )为界;古生代与中生代以距今( )为界;新生代以距今( )为起算点;第四纪始于距今( )。
7. 作为标准化石必须具备的三个条件是:( )、( )和( )。
8. 古生代以来已划分的“纪”一级年代单位的名称与代号由老到新分别是:( )、( )、( )、( )、( )、( )、( )、( )、( )、( )和( )。
9. 第三纪的两个亚纪及其代号分别是:( )和( );整个第三纪由老到新所划分的五个世及其代号分别是:( )、( )、( )、( )和( )。
10. 爬行类动物起源于( )纪,繁盛于( )代;鸟类与哺乳类最初出现于( )纪。

五、问答题

1. 在地质学研究中为什么要同时采用相对地质年代与同位素(绝对)地质年代这两种不同的年代概念?

2. 生物地层单位与岩石地层单位有什么异同?
3. 化石在地质学研究中有哪些重要意义?
4. 判别岩层的顶底面有什么意义?如何判别岩层的顶底面?
5. 利用放射性同位素测定地质年龄时应注意哪些问题?
6. 地质年代表的建立有什么重大意义?
7. 记录五次全球生物灭绝事件。
8. 叙述澄江动物群发现的重大科学意义。

第七章 地震及地球内部构造

一、名词解释

地震 震中 海震 海啸 陷落地震 火山地震 水库地震 构造地震 诱发地震 震源 震中距 震源深度 震级 烈度 等震线图 地震带 地震仪 地震谱 侯风地动仪 莫霍面 古登堡面 莱曼面 软流圈顶面 200间断面 上下地幔界面 康拉德面 地壳 Si-Al层 Si-Mg层 地幔 软流圈 下地幔 地核 外核 内核 挤压波 剪切波 硅铝层(花岗质层) 硅镁层(玄武质层) 岩石圈

二、是非题

1.P波和S波的速度随岩石物理性质的改变而发生变化。( )
2. 地球上没有一块地方完全没有地震活动。( )
3. 地表每个地方发生地震的可能性都完全相同。( )
4. 地震的震级可以通过地震仪记录的P波和S波的震幅计算出来。( )
5. 大多数地震都是浅源地震。( )
6. 深源地震总是与洋中脊相伴随。( )
7. 浅源地震的烈度总是比深源地震的烈度要大。( )
8. 在任何条件下震级大的比震级小的地震烈度要大。( )
9. 地震的震中分布可以告诉我们岩石圈活动的有关信息。( )
10. 我国南北地震带是环太平洋地震带的一部分。( )
11. 我国地震予测予防中总结出的"小震闹、大震到"的"规律"是普遍规律。( )
12. 二十世纪七十年代我国强震频繁,说明地震活动有活动期和平静期之分。( )
13. 唐山地震(1976年)造成了人员和财产的巨大损失,说明它是我国最高震级的一次强震。( )
14. 地震台站接收到远处发生地震后的信息:首先是P波的突然出现,其次是振幅稍大的S波,最后是高振幅的表面波。( )

三、选择题

1.P波在下列哪种岩石里传播速度最快?( )
a. 花岗岩 b. 辉长岩 c. 未固结的沉积物 d. 互层的砂页岩
2. 地震波离开震中后其传播速度不取决于下列哪一个因素?( )
a. 地震的震级 b. 震源深度 c. 介质的刚性 d. 介质的密度
3. 在里希特震级表中,六级地震比四级地震产生的地震波的最大振幅要大多少?( )
a. 大50% b. 大4倍 c. 大20倍 d. 大100倍
4. 仅仅根据一个地震台记录下地震波到达的时间可以精确确定下列各项中的哪一项?( )
a. 发震时间 b. 地震的位置 c. 震级 d. 烈度
5. 地震产生的S波在下列哪一层里传播速度最快?( )
a. 冰碛砾石中 b. 地壳里 c. 岩石圈的橄榄岩层中 d. 软流圈里
6. 通常引起强震的原因是下列因素中的哪一种?( )
a. 岩浆活动 b. 滑坡和山崩 c. 构造作用 d. 潮汐力诱导的应力释放
7. 深源地震一般不在软流圈中出现,除非与板块有关连时,这是因为( )。
a. 软流圈的物质运动仅仅沿着俯冲带出现 b. 软流圈由橄榄石或类似的物质组成
c. 软流圈太硬而易于破裂 d. 软流圈不仅软而且可以产生塑性变形

8.地震初动研究表明张性断裂更经常出现在(　　)。

a.俯冲带中　　b.垂直错断俯冲带的构造中　　c.洋中脊　　d.转换断层

四、填空题

1.大多数地震是由脆性地壳岩石发生(　　　　)时产生的,地震释放能量是以(　　　　)的形式进行的。

2.远处发生了一次剧烈地震,地震台首先接收到的是(　　　　)波,其次是(　　　　)波,最后记录到的是(　　　　)波;说明(　　　　)波比其他形式的地震波传播速度更快。

3.我国有案可查的最大震级的地震是公元1668年发生在(　　　　)的(　　　　)级的地震;全世界目前所知最大震级(　　　　)级的地震发生在(　　　　)年南美洲(　　　　)。

4.度量地震释放能量的强度常用(　　　　)级表示;而衡量地震对地面影响和破坏程度常采用(　　　　)表示。

5.巨大的S波屏蔽区(阴影带)是我们推测地球外核是(　　　　)的依据,阴影带的范围则是计算(　　　　)大小的根据。

6.世界上地震分布最多的地带是(　　　　),此带每年发生的浅源地震约占全世界浅源地震总数的(　　　　)%;中源地震占(　　　　)%;深源地震几乎占(　　　　)%。

7.规模最大、破坏性最强的一类地震按成因属(　　　)地震,此类地震占地震总数的(　　　)%。

8.发生在海底的地震称为(　　　),它可以激起具有强大破坏力的海浪,这种海浪称为(　　　)。

五、问答题

1.造成地震的原因是什么?地震与构造运动有何区别?

2.地震前后会产生哪些地震地质现象?

3.地质历史时期有地震吗?如何了解?

4.为什么地震后震区各地受灾程度不同?灾害轻重与哪些主要因素有关?

5.地震震级是如何度量的?全球每年大约有多少次灾害性地震?

6.现代地震与世界活火山的地理分布有何规律性的关系?

7.现代地震震源分布与板块边界类型有无内在联系?

8.地震能否予测予报?予测予报有哪些有效手段?

9.如何用地质学的观点去解释地震的前兆现象?

10.在板块理论未成熟以前,地震的中、深源型的成因一直是人们困惑的科学难题,如果地幔的软流层中的岩石通过流动能够调整自己适应力变化的话,那么中、深源地震如何在该层中产生?你能按照板块构造的理论提出什么解决方法?

11.论述地球内部构造及主要特征。

12.论述三种地震波在介质中的传播特点。

第八章　构造运动与地质构造

一、名词解释

构造运动　升降运动　水平运动　现代构造运动　新构造运动　古构造运动　海进　海退
沉积岩相　整合　假整合(平行不整合)　角度不整合　侵入接触　沉积接触　断层接触
构造变动　岩层产状　走向　倾向　倾角　水平岩层　直立岩层　褶皱　倾伏褶皱　褶皱要素
背斜　向斜　节理　劈理　断裂　断层　断层要素　正断层　逆断层　平移断层　推覆构造
仰冲盘　俯冲盘　单面山　猪背山　方山　地层穹窿　构造层　枢纽　轴面　地形倒置
单斜山　地垒　地堑　共轭节理　平面“X”节理　剖面“X”节理

二、是非题

1.地表岩石在变形过程中大多数以脆性变形为主。(　　)

2.坚硬的岩石不可能产生永久的塑性变形。(　　)

3.很高的围压可以阻止岩石产生破裂。(　　)

4.包括岩石在内的任何固体在一定条件下都可以变形。(　　)

5.时间是岩石变形过程中一个必须具备的条件,但很难判断和度量它。(　　)

6.一条断层总的位移量通常是一系列小的位移的总和。(　　)

7. 地壳可以在部分地区局部地上升；同时，在相邻的另一个地区相对下降。（ ）

8. 地质历史上大规模的地壳运动遗留下的证据，随着时间的流逝几乎没有什么能在岩石中保留下来。（ ）

9. 断层面上最明显的相互平行的擦痕仅记录了断层最后一次运动留下的痕迹。（ ）

10. 褶皱与断层是岩石变形产生的两类不同性质的地质构造，它们总是相互独立产生的。（ ）

11. 许多的逆掩断层常常出现在褶皱紧密的地层中。（ ）

12. 一般说时代越老的地层其变形程度越强烈。（ ）

13. 地层的不整合接触关系既记载了剥蚀作用发生的时间，也记载了一次沉积间断。（ ）

14. 斜歪褶皱与倾伏褶皱是完全不同的类型，因此，一个褶皱不可能既是斜歪褶皱又是倾伏褶皱。（ ）

15. 一条断层的上盘是下降盘而断层的走向又垂直地层的走向，因而，这条断层的性质既是正断层又是一条横断层。（ ）

三、选择题

1. 自第四纪最后一次冰盖融化，尽管已过去了（ ）年，北美东部仍处于“反弹”回升状态。

a.700 b.1700 c.7000 d.17000

2. 垂直位移量沿断层走向逐渐消失的断层属下列各名称中的哪一种？（ ）

a. 逆断层 b. 正断层 c. 倾向断层 d. 逆掩断层

3. 倾角小于45° 的低角度逆断层称（ ）。

a. 推覆构造 b. 冲断层 c. 倾向断层 d. 走向断层

4. 世界上最长的地堑之一的东非裂谷顺走向长达多少千米？（ ）

a.60km b.600km c.6000km d.16000km

5. 岩石在变形过程中，下列哪种条件促进岩石的塑形变形？（ ）

a. 应力迅速增长到一个高的水平

b. 在相对低的温度下岩石变形

c. 虽然有水，但颗粒之间几乎不含水

d. 上覆沉积物使得岩石受到很大的围压而且时间很长

6. 造陆运动与下列哪种现象有较大的关系？（ ）

a. 全球性海平面变化

b. 调节重力平衡的地壳均衡

c. 地磁场倒转

d. 岩石圈板块的相对运动

7. 断层的上盘是指（ ）。

a. 断层相对向上运动的一盘

b. 断层面以上的断盘

c. 相对向上滑动的一盘

d. 断层主动一盘

8. 一般说，倾向岩层时代老的一盘代表断层的上升盘，只有下列哪种特殊情况下时代新的一盘是断层的上升盘？（ ）

a. 断层面倾向与岩层面倾向相同，断层面倾角大于岩层面倾角

b. 断层面倾向与岩层面倾向相同，断层面倾角小于岩层面倾角

c. 断层面倾向与岩层面倾向相反，断层面倾角大于岩层面倾角

d. 断层面倾向与岩层面倾向相反，断层面倾角小于岩层面倾角

四、填空题

1. 岩石变形最重要的动力是（ ）；岩石变形的基本类型是（ ）和（ ）两种；（ ）和（ ）是岩石变形的主要依据。

2. 施加给岩石的力超过其弹性极限时岩石会产生破裂，沿破裂面两侧的岩块有明显滑动者称为（ ），无明显滑动者称为（ ）。

3. 岩层面与水平面的交线称为（ ）；岩层面与地表的交线称为（ ）；岩层面与断层面的交线称为（ ）。

4. 正断层通常是由（ ）力所引起；逆断层通常是由（ ）力所引起；走滑断层通常是由（ ）力所引起。

5. 以平行的正断层为边界，中央下降呈现为长的槽形构造者称（ ）；中央隆起者则称为（ ）。

6. 断层面倾斜，上盘上升者称（ ）断层；上盘下降者称为（ ）断层；逆断层的断层面近于直立且断盘作水平方向的相对运动者叫作（ ）断层。

7. 以断层面或断层面上的某一点为轴产生旋转运动的断层称为（ ）断层；逆断层的断层面倾角大于45度者叫作（ ）断层，断层面倾角小于25度者则称为（ ）断层。

8. 由于断层的运动沿着断层面两侧的岩层产生弯曲，这种构造称为(　　　　)构造；使断层面附近的岩石破碎从而形成(　　　　)岩。

9. 将褶皱大致平分的一个假想的面称(　　　　)，该面与水平面相交的线叫作(　　　　)，它的方向代表了褶皱的(　　　　)方向。

10. 当褶皱轴面大致呈水平状态时，这种褶皱称为(　　　　)褶皱，这种褶皱两翼地层层序一定是一翼(　　　　)，而另一翼则为(　　　　)。

11. 地壳局部岩层相对四周的岩层向上隆起而形成的圆形构造叫作(　　　　)，它在(　　　　)勘探中具有特殊意义。

五、问答题

1. 现代构造运动和新构造运动有哪些表现？
2. 古构造运动留下的主要标志有哪些？这些标志如何反映构造运动的特点？
3. 确定现代构造运动及新构造运动与确定古构造运动的依据有哪些异同？
4. 背斜是岩层向上拱的褶皱；向斜是向下拗的褶皱。然而在自然界常见有向斜山和背斜谷，请阐明这种地形倒置的形成机理？
5. 在野外工作中如何确定平行不整合和角度不整合的存在？
6. 研究地层的接触关系有何地质意义？
7. 以华北地块古生界地层为例，再造华北地区的地质演化简史。
8. 何谓产状？岩层的产状要素之间有什么样的几何关系？
9. 为什么在野外测量岩层倾角一定要垂直岩层的走向？试证明真倾角恒大于视倾角。
10. 水平岩层、倾斜岩层和直立岩层在大比例尺地质图上的表现有何不同之处？
11. 向斜构造和水平岩层在地质图上的表现有何异同？
12. 如何确定褶皱构造的存在？
13. 向斜和背斜其本质区别何在？
14. 在野外确定一条断层是否存在有哪些标志？
15. 确定一条断层的性质需要哪些素材？
16. 由断层造成的地层重复出露与褶皱造成的地层重复有何异同？
17. 断层和角度不整合在地质图上的表现有哪些相似之处？如何区别？
18. 如何确定褶皱和断层的形成时代？
19. 推覆构造与低角度逆断层有何异同？
20. 如何确定断层的上升盘与下降盘？是否存在特殊的类型？
21. 何谓正常层序和倒转层序？
22. 何谓构造旋迴？我国自古生代以来有哪几次大的构造运动期？
23. 何谓构造变形？主要的构造变形有哪些？
24. 何谓岩层的厚度？如何识别岩层的真厚度与视厚度？
25. 简述褶皱的形态分类、褶皱的组合分类。
26. 简述断层的形态分类、断层的组合分类。
27. 断裂和褶皱有什么关系？
28. 如何区别张节理与剪节理？
29. 研究褶皱、断层有哪些实际意义？
30. 比较层面、节理面、断层面的异同。怎样确定它们的空间位置？
31. 如何利用岩层的原生构造鉴别岩层的顶面、底面？
32. 如何利用岩层厚度和岩相的知识来推测一个地区的构造演化？
33. 沉积岩层的厚度在什么情况下能大致反映沉降运动的幅度？什么情况则不能反映？
34. 怎样鉴别地壳活动带和稳定区？它们在空间分布上有何规律性？
35. 简述断层的识别标志。

第九章 板块构造

一、名词解释

磁条带 极移 贝尼奥夫带 转换断层 洋隆 冈瓦纳古陆 劳亚古陆 特提斯
离散(扩张)板块边界 汇集(俯冲)板块边界 消减带 扩张极 蛇绿岩套 构造混杂岩 席状岩墙
裂谷 海沟 岛弧 大西洋型大陆边缘 太平洋型大陆边缘 日本海型大陆边缘
安第斯型大陆边缘 陆壳 洋壳 大陆岩石圈 大洋岩石圈 剩磁 热点 地幔柱 三联点
克拉通 地槽 地台 构造形迹 构造体系 地体构造 增生作用 拼贴作用 离散作用
威尔逊旋回 特提斯 海底磁异常条带 转换断层 大陆漂移 海底平顶山

二、是非题

1. 20世纪60年代板块构造理论的兴起成为地质学领域的一次“新的革命”。 ( )
2. 板块构造学是德国人阿尔弗雷德·魏格纳提出的。 ( )
3. 尽管磁轴可以变换其指向,但它总是保持与地球旋转轴非常接近的位置。 ( )
4. 各种板块边界都有非常类似的构造特征。 ( )
5. 沿板块扩张边界频繁的地震活动以强震及深震为其特征。 ( )
6. 沿板块的汇聚边界频繁的地震活动以强震及深震为其特征。 ( )
7. 转换断层是海底扩张不均衡的产物。 ( )
8. 转换断层也可以是板块的边界,所以其地震活动也是频率高且震级很强为特征。 ( )
9. 迄今为止已记录到的最深的震深在700km左右。 ( )
10. 美国圣安德列斯断层是美洲板块和太平洋板块边界线的一段。 ( )
11. 一个岩石圈板块的各个部分都以同样的线速度运动。 ( )
12. 每个岩石圈板块都有一个叫作扩张极的参考点,至少在理论上应该有的。 ( )
13. 每个岩石圈板块的运动可以说是围绕扩张轴在旋转。 ( )
14. 板块的扩张速度可以借助于洋壳的磁条带的研究而算计出来。 ( )
15. 板块运动的驱动力的问题已走出猜测的迷雾。 ( )
16. 软流圈可能有一种缓慢的对流运动。 ( )
17. 热柱是从地幔深部上升的热而较轻的物质柱体。 ( )
18. 热柱可能是夏威夷群岛等持续长时间火山作用的原因。 ( )
19. 现在尚无任何结论性证据说明地球岩石圈以下正在进行任何形式的对流。 ( )

三、选择题

1. 下列哪种现象不能用魏格纳的大陆漂移理论来解释?( )
a. 大西洋两岸大致平行
b. 澳大利亚独特的有袋类动物群表明了该大陆已被分隔很久了
c. 深海钻探发现的最老沉积物的时代是侏罗纪
d. 欧洲和北美的侏罗纪岩石的古地磁测定表明磁北极有不同的位置
2. 下列哪种现象通常不会沿洋中脊出现?( )
a. 安山岩喷发 b. 玄武岩喷发 c. 浅源地震 d. 高热流值
3. 下列哪种现象通常不会沿汇聚带出现?( )
a. 安山质火山作用 b. 玄武质火山作用
c. 浅源地震 d. 深水碳酸盐软泥的堆积
4. 近200年以来,北大西洋的宽度大约增大了多少米?( )
a.1m b.10m c.100m d.1000m
5. 下列哪种物质不是大洋蛇绿岩套的成分?( )
a. 燧石 b. 安山岩 c. 浊积岩 d. 枕状熔岩
6. 下列三个三联点构造已在自然界中发现,但哪一个在几何学上是不可能成立的?( )
a. 三个挤压带 b. 三个离散带 c. 三条转换断层
d. 一个挤压带、一个转换断层和一个离散带

7. 厚的地槽沉积序列总是在下列哪个位置上出现?(　　)

a. 在岩石圈板块边缘　　b. 大陆边缘　　c. 在深海沟　　d. 陆内盆地

8. 下列哪种性质的变质作用出现在发育有构造混杂岩的地带,该构造混杂岩标志着一板块俯冲于另一板块之下的前缘?(　　)

a. 高温高压　　b. 高温低压　　c. 低温高压　　d. 低温低压

9. 下列哪个外来语名词不是古大陆的名称?(　　)

a. 特提斯　　b. 泛大陆　　c. 冈瓦纳　　d. 劳亚

10. 板块构造理论中有关板块运动的驱动力问题一直引人关注,人们提出了各种假说,下列哪种过程肯定不会出现?(　　)

a. 大量的岩浆在洋中脊产生强大的推挤力向两边推动板块运动

b. 板块之下的对流通过各种牵引使得板块下沉

c. 在自身重量的影响下洋中脊扩张而离开中心裂谷

d. 较冷的岩石圈板块根据自身的重量下沉到俯冲带之下

11. 大约多少百万年以前,大冰盖覆盖着南美、非洲、印度和澳大利亚?(　　)

a.100Ma　　b.30Ma　　c.300Ma　　d.170Ma

12. 在岩石圈板块的离散边界上是以哪种性质的断层作用为特征?(　　)

a. 正断层　　b. 冲断层　　c. 逆断层　　d. 走滑断层

13. 在岩石圈板块的汇聚边界上是以哪种性质的断层作用为特征?(　　)

a. 正断层　　b. 逆冲断层　　c. 平移断层　　d. 转换断层

14. 太平洋板块的运动速度是很高的,每年约多少距离?(　　)

a.6m　　b.6cm　　c.6mm　　d.60m

四、填空题

1. 在(　　　　)年德国年青气象学家阿尔弗雷德·(　　　　)在他的著作(　　　　)一书中首次提出大陆漂移说。

2. 魏格纳在他的学说中提出所有的陆地曾在(　　　　)以前是连结在一起的,叫作(　　　　)的统一陆块。

3. 泛大陆200Ma以后开始解体形成两个大陆,北部的叫(　　　　),南部的称为(　　　　)大陆,两大陆之间发育形成(　　　　)古海相隔。

4. 保留在古老岩石中的剩磁叫作(　　　　);在古老沉积岩中称(　　　　);在古老火成岩中则称(　　　　)。

5. 板块的离散边界是(　　　　)力作用的地方;而汇聚边界则以(　　　　)力为标志。

6. 沿着板块的离散边界火山活动总以(　　　　)熔岩的喷发为其特征;而沿着汇聚边界的火山活动则以(　　　　)熔岩喷出为特征。

7. 浊积物、洋底岩石惊人地年轻(太平洋底的岩石年龄最老的仅为侏罗纪)和(　　　　)被称为现代海洋地质学的三大发现。

8. 喜马拉雅山是世界上最高和最年轻的山脉,目前仍以很大的速度抬升着,它主要是(　　　　)板块向(　　　　)板块之下俯冲的结果。

9. 喜马拉雅山是两大板块碰撞缝合后形成的山链,这种古板块边界亦称(　　　　)。

10. 地磁资料表明在地质历史中地磁极的南、北极处在不断交替之中,有的时期地磁南、北极方向与现在一致,有的时期则相反。前一种情况称为(　　　　),后者则称为(　　　　)。

五、问答题

1. 试述魏格纳的大陆漂移学说的要点。你对它如何评价?

2. 20世纪60年代兴起的海底扩张与板块构造学说是一大批地质、地球物理学家共同奋斗的成果,你择其杰出者并说明其主要贡献。

3. 为什么大洋盆地中沉积物的厚度和年龄随着离开洋脊的距离增大而增大?

4. 洋底磁条带是如何形成的? 是谁如何证实的?

5. 什么叫地磁场的正向和反向? 地磁年表中的期和事件的含义是什么?

6. 目前根据大陆熔岩剩磁及同位素年龄能够编制古生代地磁年表吗? 为什么?

7. 大陆在漂移吗? 何以见得?

8. 如何根据磁极游移去证实大陆曾经漂移过?

9. 试述洋中脊的形态特征? 它在空间上有何规律?

10. 洋脊上为何地震频繁? 且多为浅源地震?

11. 板块边界有几种类型？它们各具有哪些地球物理特征？
12. 试比较活动大陆边缘与被动大陆边缘。
13. 如何用板块俯冲的观点解释大陆上褶皱带的分布以及区域变质作用的特点？
14. 海底热流有哪些变化规律？如何解释？
15. 试述海底扩张说的要点。
16. 古地磁研究对证实海底扩张有何重要意义？
17. 洋脊的直接考察获得了哪些重要成果？对于证实海底扩张有何意义？
18. 转换断层的发现对证实海底扩张有何重大意义？
19. 洋壳的结构有何特征？
20. 试述板块构造的基本含义？
21. 法国地质学家X.勒皮雄(Lepichon)将全球分为哪几大板块？
22. 何谓威尔逊旋迴？请述其详。
23. 岩石圈板块是如何运动的？并遵循些什么规律？
24. 有什么证据说明大陆曾经结合在一起形成联合古陆？以后又是如何分离的？
25. 俯冲带和扩散带有哪些主要地质特征？
26. 用板块构造的观点解释以下各点形成原因：

a. 冰岛；b. 美国加里福尼亚的圣安德勒斯断裂；c. 喜马拉雅山脉；d. 玛利亚纳海沟；e. 南美的安底斯山；f. 意大利和土耳其的地震。

27. 东太平洋洋隆的扩张速度比大西洋洋中脊扩张要快，证据何在？
28. 有人认为古板块之间的边界不会长期存在下去，你怎样理解？
29. 请回答魏格纳大陆漂移说的下列问题：

a. 阿尔弗雷德·魏格纳(A.Wegener)是何人？b. 泛大陆的意义是什么？c. 哪些证据似乎对漂移理论有利？d. 大陆漂移理论有不能解释的地方吗？

30. 20世纪50年代导致大陆漂移理论重新抬头的因素是什么？
31. 怎样计算岩石圈板块的运动速度？为什么所有岩石圈板块不是以同样的速度运动？
32. 如何评价板块构造？
33. 板块构造说还有哪些不足之处？
34. 李四光先生创立的地质力学主要学术思想是什么？
35. 试述地球自转速度变化的证据和原因。
36. 岩石圈板块运动的力学机制是什么？
37. 岩石圈运动的模式和形成机制还有哪些说法？
38. 日本和智利都经历了大地震的洗礼，日本位处具有弧后盆地的一个岛弧上，而智利却是大陆本土上的一部分。你如何解释在地质上如此不同的两个地区在地震强烈的程度上却如此相似？
39. 比较平移断层与转换断层的异同。
40. 简述大陆板块与大洋板块的主要差异。

第十章 风化作用

一、名词解释

风化作用 物理风化作用 化学风化作用 生物风化作用 风化带 盐类结晶与潮解作用 温差作用 冰劈作用 层裂 溶解作用 水化作用 水解作用 碳酸化作用 氧化作用 氧化带 铁帽 根劈作用 差异风化 球状风化 残积物 土壤 风化壳 古风化壳

二、是非题

1. 风化作用只发生在大陆。 (　　)
2. 最有利于冰劈作用发育的地区是永久冰冻区。 (　　)
3. 岩石是热的良导体。 (　　)
4. 机械风化作用几乎不引起岩石中矿物成分的变化。 (　　)
5. 石英硬度大、颜色浅、化学性质稳定，因而含有大量石英碎屑的沉积岩抗风化能力很强。 (　　)

6. 硬度不同的矿物，硬度大者其抗风化能力必然很强。（　　）
7. 碳酸盐类矿物在弱酸中比在纯水中易溶解。（　　）
8. 风化带可能达到的深度在一般情况下均大于氧化带。（　　）
9. 水温及水中CO_2的含量，控制着水的解离程度；水的解离程度又控制着矿物水解的速度。（　　）
10. 在水解与碳酸化作用过程中，钾长石比斜长石更易分解。（　　）
11. 钾长石经完全化学风化作用后可形成最稳定的矿物是高岭土。（　　）
12. 含铁镁的硅酸盐矿物经水解作用后可逐步分解成褐铁矿和粘土矿物。（　　）
13. 在自然界的水解过程中，不可避免地有CO_2参加作用。（　　）
14. 赋存在方解石及白云石中的Ca^{2+}、Mg^{2+}离子比赋存在硅酸盐中的Ca^{2+}、Mg^{2+}离子容易迁移。（　　）
15. 水溶液的化学活泼性愈强，其迁移元素的能力也愈强。（　　）
16. 气温相对高的地区，化学风化作用的影响深度相应比较大。（　　）
17. 干旱、极地及寒冷气候区等都是以物理风化作用为主的地区。（　　）
18. 土壤与其他松散堆积物的主要区别在于土壤中含有丰富的有机质。（　　）
19. 矿物成分相同的岩石，由粗粒矿物组成的岩石较由小粒径或均匀粒径矿物组成的岩石抗风化能力强。（　　）
20. 火成岩中矿物结晶有先有后，先结晶者较后结晶者易于风化。（　　）
21. 化学风化作用可以完全改变岩石中原有的矿物成分。（　　）
22. 石灰岩是抗化学风化作用较强的一类岩石。（　　）
23. 矿物的稳定性主要是指矿物抵抗风化的能力。（　　）
24. 喜马拉雅山脉北坡比南坡气温低，由此可以推知其北坡的冰劈作用比南坡强烈。（　　）
25. 元素迁移的能力是指元素被介质迁离原地的能力。（　　）
26. 碳酸化作用随水中CO_2的增多而增强。（　　）
27. 差异风化是由不同气候造成的。（　　）

三、选择题

1. 下列矿物中相对最易氧化的是（　　）。
a. 黄铁矿（FeS_2）　b. 磁铁矿（Fe_3O_4）　c. 赤铁矿（Fe_2O_3）　d. 褐铁矿[$Fe(OH)_3$]
2. 下列各类矿物中最易溶解的是（　　）。
a. 卤化物类　b. 硫酸盐类　c. 硅酸盐类　d. 碳酸盐类
3. 下列哪一种气温幅度变化较大或速度变化较快时最有利于温差风化的进行？（　　）
a. 年气温　b. 季气温　c. 月气温　d. 日气温
4. 松散堆积物的自然稳定角（边坡稳定角）一般是（　　）。
a.20° 左右　b.30° 左右　c.40° 左右　d.50° 左右
5. 破坏硅酸盐矿物的主要风化作用方式是（　　）。
a. 溶解　b. 氧化　c. 水化　d. 水解
6. 下列各种矿物耐风化能力由强到弱的顺序是（　　）。
a. 氧化物>硅酸盐>碳酸盐>卤化物　b. 氢氧化物>硅酸盐>碳酸盐>卤化物
c. 氯化物>氢氧化物>碳酸盐>硅酸盐　d. 氢氧化物>卤化物>硅酸盐>硫酸盐
7. 下列矿物抗风化能力由强到弱的顺序是（　　）。
a. 石英>白云母>黑云母>辉石　b. 石英>白云母>橄榄石>辉石
c. 白云母>长石>角闪石>橄榄石　d. 石英>黑云母>橄榄石>角闪石
8. 在相同的自然条件下，下列各类岩石中相对易风化的是（　　）。
a. 粗粒花岗岩　b. 中粒花岗岩　c. 斑状花岗岩　d. 细粒花岗岩
9. 化学风化作用通常在下列哪种气候条件下进行得最快（　　）。
a. 干燥　b. 寒冷　c. 温暖　d. 湿热
10. 在极地、温带、中低纬度荒漠、热带雨林四类不同地区中，化学风化作用的深度由深到浅的变化规律是（　　）。
a. 热带雨林区—中低纬度荒漠区—温带区—极地区
b. 热带雨林区—极地区—温带区—中低纬度荒漠区
c. 热带雨林区—温带区—极地区—中低纬度荒漠区
d. 极地区—温带区—中低纬度荒漠区—热带雨林区

11. 下列最易形成球状风化的岩石(岩层)是(　　)。
a. 裂隙发育、粒度均匀的块状火成岩及厚层砂岩
b. 裂隙发育、粒度不均匀的块状火成岩及厚层砂岩
c. 裂隙发育、粒度均匀的块状火成岩及薄层砂岩
d. 裂隙发育,粒度不均匀的块状火成岩及薄层砂岩

四、填空题

1. 常见的物理风化作用方式是(　　　)、(　　　)、(　　　)及(　　　)等。
2. 化学风化作用主要有(　　　)、(　　　)、(　　　)、(　　　)和(　　　)作用等不同方式。
3. 影响风化作用速度的主要因素有(　　　)、(　　　)、(　　　)及(　　　)等。
4. 风化壳由表及里可分成(　　　)、(　　　)、(　　　)和(　　　)等不同层次而显示其具有垂直分带性。
5. 残积物经片流搬运后可形成(　　　);经生物化学风化作用改造后可形成(　　　)。
6. 风化壳随着深度加大可形成(　　　)分带性的结构,按气候带不同可形成(　　　)分带性。
7. 控制不同类型风化壳形成的条件是(　　　)、(　　　)、(　　　)等,其中最主要的是(　　　)条件。
8. 岩屑型风化壳是(　　　)气候带的岩石在以(　　　)风化作用为主的环境下,所形成的风化壳。
9. 红土型风化壳标志着湿热气候带和经长期(　　　)风化作用的产物。
10. 元素的迁移能力决定于其(　　　)稳定性。

五、问答题

1. 试述产生物理风化作用的原因。
2. 试述产生化学风化作用的原因。
3. 试述产生生物风化作用的原因。
4. 试述风化作用在外动力地质作用中所占的地位。
5. 写出钾长石在水解与碳酸化作用过程中的反应方程式。
6. 在野外发现“铁帽”,可由此得到什么启示? 为什么?
7. 就总体情况而言,生物化学风化作用与生物物理风化作用哪一种影响大? 为什么?
8. 地形对风化作用的影响主要表现在哪些方面?
9. 差异风化的原因及其意义?
10. 论述球状风化形成的过程。
11. 物理风化作用与化学风化作用的产物有何不同?
12. 论述水在岩石风化过程中所起的作用。
13. 举例说明在不同气候条件下,同一种岩石其风化作用的类型及风化作用的产物各有什么不同?
14. 在花岗岩的露头上常见有较多的松散沙粒,而砂岩露头部位往往比较完整,其原因何在?
15. 研究风化壳有什么意义?
16. 论述我国南方风化特征与北方风化特征、差别和原因。
17. 常见的风化地貌与控制因素有哪些?
18. 三种风化作用(机械、化学、生物)之间是如何联系的?

第十一章　河流及其地质作用

一、名词解释

地表径流　片流(坡流)　洪流　河流　水系　流域　分水岭　层流　紊流　单向环流　洗刷作用　坡积物　冲刷作用　冲沟　洪积物　洪积扇　河谷　下蚀作用　旁蚀作用　溯源侵蚀　侵蚀基准面　河流的平衡剖面　河流袭夺　瀑布　河曲　边滩　蛇曲　冲积物　冲击扇　心滩　河漫滩　三角洲　三角港　准平原　夷平面　深切河曲　河流阶地

二、是非题

1. 在各种改造与雕塑陆地地貌的外营力当中,流水是其中最重要的一种营力。　(　　)

2. 一条河流从支流到干流、从上游到下游的河谷坡度逐渐减小，河流的长度和宽度逐渐加大。 ( )
3. 只有进入河谷中的水体，才产生流水的地质作用。 ( )
4. 河床底部的砾石，只能间歇性地向下游方向运动。 ( )
5. 因干旱地区雨量稀少，故可以不考虑地面流水对地表形态的改造作用。 ( )
6. 如果一条河谷两侧有四级阶地存在，则最先形成的阶地称为一级阶地，最后形成的阶地称为四级阶地。 ( )
7. 只要河流存在，它的溯源侵蚀作用与下蚀作用就永无止境。 ( )
8. 河流所搬运的物质，都是其本身侵蚀作用形成的物质。 ( )
9. 河水中所搬运的物质，大部分是机械碎屑物。 ( )
10. 河流的上游地段，只有下蚀作用；中、下游地区，只有侧蚀作用。 ( )
11. 呈单向环流运动的水流，是使河谷凹岸不断地向旁侧和下游方向推移的唯一原因。 ( )
12. 河流的侧蚀作用，可使河谷的横剖面逐渐发展成“U”形谷。 ( )
13. 河谷横剖面的拓宽是由旁蚀作用所形成的。 ( )
14. 河流的搬运力是指河流能搬运各种物质多少的能力。 ( )
15. 河流的下游比中、上游河段的水量大，其所能搬运的碎屑颗粒直径也比中、上游河段大。 ( )
16. 粘土和粉砂颗粒细小，在搬运过程中所需要的起动速度也很小。 ( )
17. 在河流搬运的碎屑物中，以悬浮状态的泥沙数量为最多。 ( )
18. 对于推运质的砾石来说，当其停止滚动或滑动时，砾石的最大扁平面多倾向上游。 ( )
19. 河流不仅有机械碎屑沉积，同时也有丰富的化学沉积。 ( )
20. 在河流的上、中、下游各个河段内，均可以形成心滩。 ( )
21. 河水的流速与流量及河道的宽度与深度，在其下游均明显增大。 ( )
22. 天然堤靠河床的内侧沉积物质较细，向外逐渐变粗。 ( )
23. “河流沉积的二元结构”是由平水期与洪水期交替变化所造成的。 ( )
24. 水系在平面图上的几何形态，可作为判断流域内地质特征的重要标志之一。 ( )
25. 河流入海处的沉积物皆是河流搬运来的机械碎屑物。 ( )
26. 金沙江河谷近1Ma以来加深了1200多米，说明在此1Ma内该地段地壳下降了1200多米。 ( )
27. 金沙江河谷近1Ma以来加深了1200多米，说明在此1Ma内该地段地壳上升了1200多米。 ( )
28. 当侵蚀基准面下降时，河流的下蚀作用随之而加强。 ( )
29. 蛇曲的存在，标志着河谷已不再加宽。 ( )
30. 陆地上的谷地均是由流水的侵蚀作用造成的。 ( )
31. 在北半球，由南向北流的河流较易侵蚀河流的右岸。 ( )

三、选择题

1. 夷平面形成的根本原因是( )。
a. 下蚀作用　b. 侧蚀作用　c. 构造运动　d. 沉积作用
2. 现代陆地上分布最广泛的地貌类型是( )。
a. 冰川地貌　b. 风成地貌　c. 岩溶地貌　d. 河成地貌
3. 河流的搬运力指的是( )。
a. 河流能搬运各种物质总量的能力　b. 河流能搬运各种碎屑物质数量的能力
c. 河流能搬运各种溶解物数量的能力　d. 河流能搬运碎屑物中最大颗粒的能力
4. 下列各种沉积在河床底部的物质中，最容易被冲起搬运的是( )。
a. 粘土　b. 粉砂　c. 细砂　d. 中砂
5. 地面流水中水质点的主要运动方式是( )。
a. 紊流　b. 层流　c. 环流　d. 涡流
6. 实验证明：河流搬运物的粒径(r)与流速(V)之间的相应关系是( )。
a. $r \propto V$　b. $r \propto V^2$　c. $r \propto V^3$　d. $r \propto V^4$
7. 实验证明：河流搬运物的总重量(G)与流速(V)之间的相应关系是( )。
a. $G \propto V^2$　b. $G \propto V^4$　c. $G \propto V^6$　d. $G \propto V^8$

8. 使河流长度加长的方式是(　　)。
a. 溯源侵蚀　　b. 河曲作用　　c. 三角洲形成　　d. 所有以上这些
9. 平直河段的心滩形成于(　　)。
a. 洪水期　　b. 平水期　　c. 枯水期
10. 三角洲的沉积实际上是(　　)。
a. 陆相　　b. 海相　　c. 海陆混合相

四、填空题

1. 地面流水可分成(　　)、(　　)与(　　)三种类型。
2. 片流、洪流、河流对地表的剥蚀作用分别称为(　　)作用、(　　)作用和(　　)作用。
3. 计算地面流水动能的公式是(　　),由此式可知,决定地面流水动能大小的主要因素是(　　)。
4. 地面流水速度的大小与(　　)、(　　)及(　　)等因素有关。
5. 地面流水的动能通常被消耗在克服水体与(　　)、(　　)及水体内部(　　)的摩擦力,对河床的(　　)及对(　　)的搬运等方面。
6. 最有利于发生洗刷作用的条件是降水比较集中、(　　)、(　　)和(　　)的山坡地段。
7. 河流的下蚀作用强度与(　　)、(　　)、(　　)及(　　)等因素有关。
8. 下蚀作用既可使河谷不断(　　),形成横剖面具(　　)字形的峡谷,又可使河流向(　　)方向伸长;还可使河床(　　)降低、(　　)变缓,最终使整个河谷纵剖面呈(　　)的曲线。
9. 我国长江中、下游的(　　)段是蛇曲最发育的地段,从藕池口至城陵矶直线距离仅(　　)km,而河床全长竟达(　　)km,此段素有(　　)之称。
10. 河流中的搬运物质可以是谷坡上的(　　)、(　　)、(　　)和(　　)等作用的产物。
11. 河水中属机械搬运的碎屑物质,主要有(　　)、(　　)、(　　)和(　　)等。
12. 河水的(　　)主要取决于河流的水文状况。
13. 河水中属化学搬运的溶解物质最主要的有(　　)、(　　)、(　　)、(　　)、(　　)和(　　)等离子。
14. 河水中最主要的胶体物质有(　　)、(　　)、(　　)、(　　)等。
15. 导致河流发生弯曲的原因可以有(　　)、(　　)、(　　)、(　　)、(　　)、(　　)河床一侧形成堆积作用等方面。
16. 河流对碎屑物质的搬运有(　　)、(　　)和(　　)三种不同方式。
17. 冲积物按其沉积的场所不同,可分成(　　)沉积、(　　)与(　　)沉积等类型。
18. 我国最大的瀑布位于(　　)省,其名为(　　)。河水从(　　)m高的悬崖上流下。
19. 河流的溯源侵蚀作用常可产生以下三种结果;一是(　　);二是(　　);三是(　　)。
20. 地面流水主要来源于(　　)、(　　)和(　　)。
21. 河流的水文状况包括河水的(　　)、(　　)、(　　)及它们的变化状况等。

五、问答题

1. 试述片流地质作用与片流所形成的沉积物特点。
2. 试述洪流地质作用与洪流所形成的沉积物特点。
3. 试述冲积物特点。
4. 试述“河曲”的形成及其演化过程。
5. 河流在其发展过程中,哪些因素的影响使其长度增加?又有哪些因素的影响使其长度缩短?
6. 当一条河流被平移断层切断后,将进一步如何发展?
7. 长江与黄河的年径流量分别为690Gm^{3}和126Gm^3,而它们的年输沙量却分别为500.8×10^6t和1886.9×10^6t。试分析造成此种差异的可能原因。
8. 为什么山区的河流是河流的上游,与下游比较水量并不大,却能搬运巨大的物质?
9. 试述心滩的形成过程。

10. 试述三角洲的形成条件。

11. 绘图说明三角洲沉积内部常具有何种构造特征？组成这种构造特征的内部各层又具有哪些特征？

12. 如何区别正在发展或已经停止发展的冲沟？它具有什么样的现实意义？

13. 哪些因素可以导致水土流失？如何防治水土流失？

14. 河流的环流在河流地质作用中有何意义？

15. 为什么在钱塘江口只能形成“三角港”？

16. 若在一条河流上建造水坝，则建坝以后坝上与坝下其河流地质作用将会发生哪些变化？

17. 为什么河床砾石的最大扁平面总是指向河流的上游？

18. 比较坡积物、洪积物和冲击物的特点(从地貌部位、岩性、分选程度、排列情况、内部构造及含矿性等方面进行比较)。

19. 河成阶地是怎样形成的？为什么同一条河流两岸的阶地发育常常呈不对称分布？

20. 当你在山顶上发现有河床沉积物时，将对此作何解释？

21. 如何识别阶地与河漫滩？

22. 试述准平原与夷平面的形成过程及其地质意义。

23. 试述沉积物中常赋存有哪些矿产？组成这些矿产的矿物一般应具有哪些特征？

24. 何谓河流的“返老还童”和“未老先衰”现象？为什么河流的发展会出现这些现象？

25. 碎屑物质在流水搬运过程中会发生哪些变化？

26. 何谓河流沉积的二元结构？它是怎样形成的？

27. 长江三峡某些河段河床底部标高位于海平面以下20～45m，如果请你去考察这一现象形成的原因，你将如何解释？

28. 地面流水动能与地面流水负载之间可能出现哪几种不同的关系？它们分别会给流水带来什么不同的地质作用？

29. 当一个分水岭两侧的地面高程不对称时，试分析在下蚀作用过程中该分水岭的迁移趋势与河流袭夺的发展趋势。

30. 河流的不同发展阶段，其地质作用有何不同？

31. 河漫滩上的土地肥沃、用水方便，为什么不是人们耕作和居住的好地方？

32. 研究地面流水地质作用的意义是什么？

第十二章　冰川的地质作用

一、名词解释

冰川　冰川冰　粒雪　雪线　雪源区　成冰作用　冰川的积累区　冰川的消融区　海洋型冰川　大陆型冰川　冰舌　冰山　大陆冰川(冰盖)　山岳冰川　冰斗冰川　山谷冰川　悬冰川　山麓冰川　单式冰川　复式冰川　冰前　冰蘑菇　冰芽　冰塔　挖掘(拔蚀)作用　磨蚀作用　冰溜面　冰川擦痕　冰蚀谷　冰斗　刃脊　角峰　羊背石　漂砾　冰碛物(侧碛、中碛、终碛、底碛)　终碛堤　侧碛堤　鼓丘　蛇丘　冰水扇　纹泥　古冰川　冰期　间冰期　冰蚀湖　季候泥

二、是非题

1. 两极和高纬度地区气温很低，终年积雪形成冰川；而赤道和低纬度地区气温高，根本不可能形成冰川。（　）

2. 雪线位置最高的地区在赤道。（　）

3. 漂浮在海洋中的冰川是由海水长期冻结而成的。（　）

4. 雪线以上地区都能形成冰川。（　）

5. 高纬度地区雪线高度比低纬度地区高。（　）

6. 雪线通过所有的活动冰川。（　）

7. 冰斗的位置可以作为识别雪线位置的依据之一。（　）

8. 一般来说，山的东坡与北坡比山的西坡和南坡雪线位置低。（　）

9. 冰川流速小，所以其剥蚀和搬运能力都很小。（　）

10. 冰川冰与沉积岩类同，也具有明显的层理。（　）

11. 冰川的进或退主要取决于冰川的流速。（　）

12. 某地冰溜面上钉字型擦痕的尖端指向南东，由此可判断古冰川流向为北西。 （ ）
13. 冰碛物沉积的主要原因是冰川流动速度减小。 （ ）
14. 世界上哪里气候最冷，哪里就有冰川形成。 （ ）
15. 海平面不仅是河流的最终侵蚀基准面，也是冰川的最终侵蚀基准面。 （ ）
16. 冰川冰中也具有明显的层理。 （ ）
17. 冰床基岩突起处迎冰溜面挖掘作用强烈，背冰溜面磨蚀作用强烈。 （ ）
18. 羊背石是冰蚀作用的产物，鼓丘是冰川沉积作用的产物。 （ ）
19. 凡具有擦痕的砾石，都是冰川砾石。 （ ）
20. 南极洲冰盖和格陵兰冰盖部分位于海平面之下。 （ ）
21. 大部分冰川作用所塑造的冰蚀谷在横剖面上呈“U”字形。 （ ）
22. 串珠状分布的冰蚀盆地（冰蚀湖）、羊背石、漂砾链等冰川遗迹，均可作为判断古冰川流动方向的依据。 （ ）
23. 在一个大的冰期当中间冰期可以反复出现。 （ ）
24. 中生代很少或没有冰期的迹象。 （ ）
25. 冰成季候泥可以用来确定近代冰期的历史。 （ ）
26. 所有的季候泥具有同样的成因。 （ ）
27. 洋壳玄武岩中保存的古磁场反向对确定有关冰期的时代是非常有用的。 （ ）
28. 冰盖的负荷可以造成地壳的均衡坳陷；随着冰盖的消失，地壳又均衡上升。 （ ）
29. 冰蚀谷的纵剖面常呈阶梯状，这是由组成冰床岩石的抗蚀力所决定的。 （ ）
30. 山岳冰川的分布与运动不受地形控制。 （ ）
31. 冰川表面受温度影响多塑性变形，其底部多脆性变形。 （ ）

三、选择题

1. 现代地球上的水呈冰川冰形式存在的是（ ）。
a.22% b.12% c.2% d.0.2%
2. 现代冰川覆盖着陆地表面积的（ ）。
a.15% b.10% c.1% d.20%
3. 更新世冰期使海平面至少降低了（ ）。
a.10m b.1000m c.150m d.100m
4. 如果南极洲的冰融化，现代的海平面将会升高（ ）。
a.0.6m b.6m c.60m d.160m
5. 在下列冰蚀作用的诸地形中，由山岳冰川刨蚀所形成的是（ ）。
a. 角峰 b. 鼓丘 c. 蛇丘 d. 冰斗
6. 下列地形中，由冰水沉积作用所形成的是（ ）。
a. 蛇丘 b. 羊背石 c. 鼓丘
7. 现代冰川分布在气候寒冷的高纬度和极地地区所占面积是（ ）。
a.9% b.79% c.59% d.99%
8. 在控制冰川发育的诸因素中，最根本的因素是（ ）。
a. 地形 b. 降雪量 c. 足够量的冰川冰的形成 d. 气温
9. 下列较易保存冰川擦痕的岩石是（ ）。
a. 石英岩 b. 粗粒花岗岩 c. 石灰岩 d. 千枚岩
10. 下列说法中正确的是（ ）。
a. 雪线高度与温度成正比，与降雪量成正比 b. 雪线高度与温度成正比，与降雪量成反比
c. 雪线高度与温度成反比，与降雪量成正比 d. 雪线高度与温度成反比，与降雪量成反比

四、填空题

1. 冰川冰的形成一般要经过（ ）到（ ）到（ ）至冰川冰的渐变过程。
2. 雪线高度受（ ）、（ ）、（ ）等因素制约。
3. 当今地球上的冰川主要分布在（ ）和（ ）地区。
4. 冰川是高纬度地区和中、低纬度高山区（ ）变化、发展的主要外动力。
5. 冰川在雪线以上的部分称为（ ），在雪线以下的地带称为（ ）。
6. 冰川存在的两个必要条件是丰富的（ ）和低的（ ）。
7. 如果降雪量和消融量相等，则冰川前缘将处于（ ）状态。
8. 促使冰川消耗的途径是（ ）和（ ）两种形式。

9.判断古冰川的重要标志是(　　　　)。

10.由雪变成冰川冰有(　　　　)、(　　　　)和(　　　　)三种方式;三种成冰作用方式中以(　　　　)最快。

11.冰川的沉积作用可以形成(　　　　)、(　　　　)、(　　　　)等特殊的地貌形态。

12.冰碛物常具有(　　　　)、(　　　　)、(　　　　)等特征。

13.冰川砾石常具有(　　　　)、(　　　　)、(　　　　)等特征。

14.我国西部地区今日巍峨耸立的群山雄姿,多数是自第四纪以来由(　　　　)和(　　　　)共同作用塑造而成的。

15.世界上最长最大的冰川是发育于喀喇昆仑山南坡(　　　　)境内的(　　　　)冰川,长达75km。

16.中国最长最大的冰川是(　　　　)山脉(　　　　)山的(　　　　)冰川,长达66km。

17.地球上发生过的三次大冰期,先后是(　　　　)冰期、(　　　　)冰期和(　　　　)冰期。

18.中国第四纪冰期至少可划分为四个冰期,由老而新分别命名为(　　　　)冰期、(　　　　)冰期、(　　　　)冰期和(　　　　)冰期。

19.欧洲阿尔卑斯山第四纪冰期进一步又划分为四个冰期是(　　　　)、(　　　　)、(　　　　)和(　　　　)。

20.根据冰川所处的(　　　　)、(　　　　)条件及冰川分布的(　　　　)和(　　　　)特征,冰川可以分为大陆冰川和山岳冰川两种主要类型。

21.山岳冰川按其形态可分为(　　　　)冰川、(　　　　)冰川、(　　　　)冰川和(　　　　)冰川等四种类型。

22.引起冰川运动的因素主要有(　　　　)和(　　　　)。

五、问答题

1.冰川是怎样形成的?它与封冻的河流有何区别?

2.影响雪线高度的因素有哪些?

3.冰前的变化可以说明什么问题?

4.地球上雪线位置最高的地区为什么不在赤道而在南纬20°~25°的安第斯山脉地区?

5.喜马拉雅山北坡比南坡气温低,但雪线的位置却比南坡高,为什么?

6.西伯利亚是世界上最寒冷的地区之一,那里为什么没有很多现代冰川?

7.冰川为什么会运动?大陆冰川和山岳冰川的运动各有何特征?

8.影响冰川运动速度的因素有哪些?它们分别是怎样影响冰川运动速度的?

9.冰川地质作用可以塑造哪些地形、地貌?

10.终碛堤是怎样形成的?它的规模大小和数量多少能说明什么问题?

11.冰碛物沉积的原因是什么?其最主要的沉积物在哪里?

12.形成侧碛和底碛的条件与形成终碛的条件有什么不同?

13.有的地区冰川位于高山顶,但在山坡脚下却有冰川堆积物,这是为什么?

14.冰湖纹泥为什么又叫作季候泥?研究它有何意义?

15.如何区分由冰期造成的海水面升降和由地壳运动造成的海平面升降?

16.有哪些证据可以判断某地区曾经发育过古冰川?

17.我国西部高山区冰川多,应如何利用它?

18.研究古冰川有什么意义?

19.试述研究现代冰川的意义。

20.试述全球雪线位置变化的总趋势。

第十三章　地下水及其地质作用

一、名词解释

地下水　空隙　孔隙　裂隙　溶洞　空隙率(度)　孔隙率(度)　孔隙水　裂隙水　喀斯特(岩溶)水　渗透水　凝结水　古水　原生水　吸着水(结合水)　薄膜水　毛细管水　重力水　包气带　包气带水　饱水带　上层滞水　潜水　承压水　自流水　透水性　含水性　隔水层　透水层　泉　上升泉

下降泉 接触泉 断层泉 侵蚀泉 冷泉 温泉 矿泉 地下水的矿化度 泉华 钙华 硅华
喀斯特(岩溶) 喀斯特(岩溶)作用 喀斯特(岩溶)地形 喀斯特(岩溶)现象 溶沟 溶芽 落水洞
溶斗 溶洞 石林 峰林 溶蚀洼地 盲谷 石笋 石柱 石钟乳 钟乳石 石幔 潜蚀 地下径流

二、是非题

1. 粘土的孔隙度(20%~90%)比砾石层的孔隙度(25%~45%)大,所以粘土的透水性比砾石层好。( )
2. 地下水的渗透流速随深度的加大而变小。( )
3. 岩土中的孔隙直径愈大,其分水岭处潜水面就愈接近地表。( )
4. 地表起伏愈大的地方,其分水岭处潜水面就愈接近地表。( )
5. 地下水与地表水之间常常可以互相补给。( )
6. 地下水中CO_2的浓度与局部的围压成正比,与温度成反比。( )
7. 一般说,火成岩和变质岩只含裂隙水而不含孔隙水。( )
8. 当钻孔打穿层间含水层上覆的不透水层后,如该处层间含水层的承压水头高于该处地面标高时,则可获得自流水。( )
9. 一个地区地下水的多少只取决于该地区降雨量的多少。( )
10. 某地夏季最高气温达+38℃,冬季最低气温达-30℃,如该地有一泉,其水温为+10℃。因此,该泉在夏季可称“冷泉”,在冬季可称“温泉”。( )
11. 由于地下水水位的急剧升降变化,因而形成了多层溶洞。( )
12. 溶沟、溶芽、石林是岩溶发育过程中形成于同一阶段的地貌景观。( )
13. 海水中溶解物质大部分是陆地上地表水溶解作用的产物。( )
14. 陆地上地表水的分布要比地下水广泛。( )
15. 一般民用井水中的水位可以代表该地区的潜水水位。( )
16. 孔隙度大的岩土,其孔隙也大。( )
17. 在地下水循环较通畅的部位,常常可形成低矿化水。( )
18. 地下水是位于地表下进行潜蚀作用的,所以地下水潜蚀不会改变地表面貌。( )
19. 只要有可溶性岩石存在的地区就会产生喀斯特作用。( )
20. 潜水面的分布状态,在空间上是随地形起伏而起伏,在时间上是随其变化而变化的。( )
21. 石笋只能形成在潜水面以下的溶洞内。( )
22. 饱水带与包气带的界面就是饱水带的自由表面。( )
23. 喀斯特地形的形成除了地下水的溶蚀作用外,风化作用和地面流水的侵蚀作用也起了重要的作用。( )

三、选择题

1. 下列岩土中孔隙度最大的是( )。
a. 砾石层 b. 砂层 c. 粘土 d. 黄土
2. 一个地区潜水面坡度与下列因素有关的是( )。
a. 旱季 b. 雨季 c. 地形坡度大 d. 地形坡度小
3. 我国喀斯特(岩溶)最发育的省区是( )。
a. 云南省 b. 贵州省 c. 广西壮族自治区 d. 广东省
4. 高矿化度水所含的主要离子是( )。
a. Cl^-、Mg^{2+} b. Cl^-、Na^+、K^+ c. Ca^{2+}、Mg^{2+}、HCO_3^- d. Ca^{2+}、SO_4^{2-}
5. 喀斯特发育第一阶段所形成的主要景观是( )。
a. 溶沟、溶洞、溶盆、落水洞 b. 溶斗、石林、孤峰、溶蚀洼地
c. 石芽、溶沟、溶斗、落水洞 d. 石芽、溶洞、溶原、残丘
6. 下列物质中主要由地下水交代作用形成的是( )。
a. 结核 b. 泉华 c. 硅化木 d. 石盐假晶
7. 降雨过程中,潜水面升到最大高度的时间是( )。
a. 降雨开始时 b. 降雨达到一定程度后 c. 降雨停止时 d. 降雨停止一段时间后
8. 在下列各类岩石中相对最易溶解的是( )。
a. 石灰岩 b. 泥灰岩 c. 白云岩 d. 不纯石灰岩
9. 下列最有利于农作物生长的地下水是( )。
a. 毛细管水 b. 潜水 c. 承压水 d. 上层滞水

10. 当地下水温度升高，其渗流速度是(　　)。

a. 恒定　　b. 减慢　　c. 加快

11. 下列岩石能成为良好的隔水层的是(　　)。

a. 粉砂岩　　b. 页岩　　c. 粗砂岩　　d. 粘土岩

12. 影响岩石孔隙度大小的因素是(　　)。

a. 颗粒大小的均匀程度　　b. 颗粒的形状　　c. 胶结物数量　　d. a、b、c均有影响

四、填空题

1. 包气带水和潜水以(　　)为侵蚀基准面；在地下水补给河水的河谷中，潜水以(　　)为侵蚀基准面。

2. 地下水的分布、储量与运动，决定于岩石空隙的(　　)、(　　)、(　　)及空隙的连通状况等特征。

3. 促使地下水运动的力有(　　)、(　　)和(　　)等。

4. 我国已探明的可采地下水量为(　　)Gt。

5. 地下水主要来源于(　　)、(　　)、(　　)和(　　)等。

6. 地下水所含有的主要气体成分有(　　)、(　　)、(　　)和(　　)等；所含的主要阴离子种类是(　　)、(　　)和(　　)；所含的阳离子种类是(　　)、(　　)、(　　)、(　　)等。

7. 地下水的物理性质主要是指地下水所具有的(　　)、(　　)、(　　)和(　　)等性质。

8. 地下水的某些物理性质与化学组成间常见的对应关系如下：臭鸡蛋味，表明地下水中含较多的(　　)；腐烂味，表明含较多的(　　)；呈浅蓝色，表面含较多的(　　)；味道可口，表明含较多的(　　)；有甜味的水，表明含较多(　　)；有苦味的水，表明含较多的(　　)；有涩味的水，表明含较多的(　　)。

9. 导致地下水发生过饱和沉积的常见地点是(　　)、(　　)和(　　)等处。

10. 地下水按其存在状态不同，可分为(　　)、(　　)和(　　)三种类型；按其存在方式不同，可分为(　　)、(　　)、(　　)和(　　)等类型，其中以(　　)最为重要；按其埋藏条件不同，可分为(　　)、(　　)、(　　)三种类型；按其沉积物或岩石中空隙性质不同，可分为(　　)、(　　)和(　　)等三种类型。

11. 影响岩土孔隙大小的主要因素是沉积物的(　　)、(　　)、(　　)和(　　)等。

12. 地下水受静压力作用时，可以从(　　)的低处，向(　　)的高处流动。

13. 潜水流速的大小与岩石的(　　)和(　　)的倾斜坡度成正比。

14. 各种类型的地下水，有其不同的流向。包气带中重力水是从地表向下作(　　)运动；潜水作近于(　　)方向运动；承压水是顺层从水头(　　)处流向水头(　　)处。

15. 溶原是喀斯特发展到(　　)期的地形。

五、问答题

1. 潜水与承压水各有哪些主要特征？
2. 潜水面的形态在山区与平原区有什么不同？为什么会有这些不同？
3. 影响地下水潜蚀作用强度的因素有哪些？这些因素又是怎样影响地下水潜蚀作用强度的？
4. 喀斯特(岩溶)作用必须在哪些因素的互相配合下才能进行？
5. 我国喀斯特主要发育在哪些省区？为什么在这些省区都特别有利于喀斯特的发育？
6. 喀斯特(岩溶)发育可分成哪几个阶段？不同阶段各以什么特征为标志？
7. 发育于地表与地下的喀斯特景观各有哪些？
8. 在城市过量抽取地下水会带来哪些不良后果？
9. 粘土的孔隙度比砂层大，但为什么前者为隔水层，后者却为良好的透水层？
10. 地下水运动有什么特点？运动速度受哪些因素影响？
11. 地下水通常在那些条件下发生化学沉积？相应形成哪些类型的沉积物？
12. 试比较地下水的剥蚀、搬运及沉积等作用与地表水有什么不同？
13. 研究地下水有哪些重要意义？
14. 简述温泉和地下水的形成条件。
15. 简述影响岩溶发育的因素。
16. 简述地下水的富集、运移特征。

第十四章 海洋及其地质作用

一、名词解释

波浪 沿岸流 底流 浪基面 裂流 潮汐 潮流 浊流 洋流 等深线流 滨海带 后滨带(潮上带) 前滨带(潮间带) 外滨带(潮下带) 浅海带 半深海带 深海带 海蚀平衡剖面 海蚀凹槽 海蚀崖 波切台 波筑台 海滩 砂坝 砂咀 潟湖 潮坪 珊瑚礁 岸礁 堡礁 环礁 浊积物 锰结核 海蚀阶地 CCD 等深流 碳酸盐沉积补偿线 潮汐三角洲

二、是非题

1. 浩瀚的海洋,无论从横向或纵向来看,海水的动力地质条件都是均一的。 ( )
2. 洋流对于浅海、半深海至深海的沉积作用均无影响。 ( )
3. 波浪折射产生的根本原因是波浪与海底的摩擦。 ( )
4. 当发现有上千米厚的珊瑚礁时,即可证明该地区当时地壳下降速度与珊瑚生长速度基本平衡。 ( )
5. 随着时间的推移,海水盐度将会稳定的增加。 ( )
6. 虽然各地区海水温度不同,但海水温度通常是随着海水深度的增加而降低的。 ( )
7. 海震往往可以导致海底浊流的发生。 ( )
8. 在赤道附近海水表层的温度是25~28℃,最高可达35℃,因此该处海水的含盐度应该是最高。 ( )
9. 表层洋流在运行过程中,与河流一样受到科里奥利力的影响,运行方向发生偏转,北半球偏左,南半球偏右。 ( )
10. 海洋中,由波浪侵蚀产生的沉积物要比由河流带入海洋中的沉积物多。 ( )
11. 区域性的海进、海退是由该区地壳升降运动引起的,而全球性的海进、海退主要是由全球性气候变化引起的。 ( )
12. 深海盆地距离大陆遥远,因此其中的沉积物不会是来自陆地的。 ( )
13. 海岸侵蚀中的一个明显趋势是随时间的推移,海岸线会变得越来越平直。 ( )
14. 根据沉积岩的结构和对现代沉积物的观察,大多数碳酸盐沉积是属碎屑沉积。 ( )
15. 海水深部的温度通常要比海水表层的温度高。 ( )
16. 海水的压力随着深度的增加而增加。 ( )
17. 波浪运动的下限决定了海蚀作用的下限。 ( )
18. 潮坪既可以形成碎屑沉积,又可以形成碳酸盐沉积。 ( )
19. 深海沉积物是以它所含物质种类为基础来进行分类的。 ( )
20. 浅海区是位于低潮线至200m深的水域,所以浅海区沉积物的最大厚度绝不会超过200m。 ( )
21. 由于海底不断的扩张,随着离开洋脊距离的增大,海盆中沉积物的厚度不断加厚,其年龄逐渐变老。 ( )
22. 海滨地带的砾滩比沙滩具有较陡的坡度。 ( )

三、选择题

1. 据统计,在现今大陆范围内,自震旦纪以来所发育的海相地层约占其面积的( )。
a. 8% b. 18% c. 80% d. 88%
2. 海洋的平均深度是( )。
a. 1.8km b. 2.8km c. 3.8km d. 4.8km
3. 陆地的平均高度是( )。
a. 0.58km b. 0.88km c. 0.68km d. 0.78km
4. 大陆架的平均宽度约为( )。
a. 30km b. 50km c. 70km d. 80km
5. 到目前为止,由深海钻探所取得的岩心表明,组成洋壳的岩石其时代均不老于( )。
a. 侏罗纪 b. 白垩纪 c. 三叠纪 d. 二叠纪
6. 大陆架边缘坡折线的平均水深约为( )
a. 33m b. 30m c. 133m d. 330m
7. 海水的盐度平均是( )
a. 0.35‰ b. 35‰ c. 3.5‰ d. 350‰

8.浪蚀作用最频繁的地带是(　　)。

a.滨海带　　b.浅海带　　c.半深海带　　d.深海带

9.浊流作用最频繁的地带是(　　)。

a.大陆架　　b.大陆基　　c.大陆坡　　d.大洋盆地

10.海洋沉积作用最主要的场所是(　　)。

a.滨海区　　b.浅海区　　c.半深海区　　d.深海区

四、填空题

1.海水运动的形式主要表现为(　　)、(　　)、(　　)和(　　)等四种。

2.当波浪前进的方向与海岸斜交时,则波浪进入浅水区后将产生(　　);波浪到达海岸后,除形成底流外,还产生(　　)。

3.海水的物理性质包括海水的(　　)、(　　)、(　　)、(　　)和(　　)等。

4.表层海水pH值之所以有显著的变化是与(　　)含量有关。

5.水介质按照Eh值的高低可分为(　　)、(　　)、(　　)、(　　)、(　　)、(　　)等环境;相应可形成如下矿物:(　　)和(　　)、(　　)、(　　)、(　　)、(　　)、(　　)。

6.砾滩的扁平砾石像河床中的砾石一样呈定向排列,倾向(　　)方向,长轴大致与(　　)平行。

7.浊流理论是(　　)世纪(　　)年代以来海洋地质学领域所取得的重大成绩之一。

8.表层洋流主要是由(　　)和海水(　　)差异引起的。

9.深海环流主要是由(　　)和(　　)的差异导致密度不同而引起的。

10.裂流不论是沿洋面或海底,都是向(　　)方向流动的。

11.海蚀作用的方式有(　　)、(　　)和(　　)等三种。

12.海蚀作用所形成的海蚀地形有(　　)、(　　)、(　　)和(　　)等。

13.依据海水深度不同,可以把海洋环境分为(　　)带、(　　)带、(　　)带和(　　)带。

14.浅海带碎屑沉积物的特点是近岸带颗粒(　　),以(　　)为主。具有(　　)层理和(　　)波痕;包含大量(　　)生物化石;有良好的(　　)和(　　);成分比较(　　),以(　　)为主。远岸带粒度(　　),以粉沙及(　　)为主;具有(　　)层理,不具(　　)层理,很少发育波痕;分选性(　　)但磨圆度(　　);成分也较为(　　)。

15.在各大洋底中发现锰结核最多的是(　　)洋。

16.大洋中锰结核沉淀条件为:(　　);(　　);(　　)。

17.深海和半深海沉积物除来自大陆外,还可来自(　　)、(　　)和(　　)等。

五、问答题

1.研究海洋地质作用有何意义?

2.影响海洋地质作用的因素有哪些?

3.滨海带海蚀作用的特点是什么? 海蚀地形的形成与演化趋势如何?

4.试比较海浪、潮汐、洋流搬运作用的异同点?

5.为什么说大陆架是大陆的自然延伸? 依据什么证明它曾暴露在海平面之上?

6.沙坝、沙咀与潟湖各是怎样形成的? 它们之间在成因上有何联系?

7.淡化潟湖的沉积作用有哪些特点?

8.咸化潟湖的沉积作用有哪些特点?

9.试从沉积环境的角度阐明浅海沉积的重要性及所形成的主要沉积物。

10.浅海的机械沉积作用有哪些特点?

11.浅海的化学沉积作用有哪些特点?

12.对照滨海和浅海环境,阐明两者机械沉积物的主要区别。

13.试述浊流的成因及浊流沉积物的主要特征。

14.就目前关于"碳酸盐大多属碎屑沉积而不属化学沉积"这一点,你有什么认识?

15.为什么在我国南海会出现众多的珊瑚岛屿和暗礁? 其形成机理如何?

16.我国东海与黄海有没有珊瑚礁? 为什么?

17. 1973年谢帕特(F.P.Shepard)提出,依据发展阶段将海岸分为哪几类?不同类型海岸的特征是什么?
18. 如何判断古海岸线的位置?
19. 陆缘碎屑物可以通过哪些途径到达深海域?
20. 大洋盆地很深,但沉积物的厚度却很薄,沉积物的年龄新,为什么?
21. 试从沉积环境的角度阐述半深海—深海带地质作用的基本特点。
22. 为什么深海钙质软泥分布深度一般小于5000m?
23. 海洋沉积物与大陆沉积物有何本质上的不同?
24. 导致海平面长期升降的原因是什么?
25. 现今为什么将对海洋的开发列为重点之一?
26. 简述海和洋的区别。
27. 简述我国潮汐形成的四个条件。
28. 简述浅海沉积带的五点特征。
29. 简述形成珊瑚礁的五个条件。
30. 简述半深海的七种沉积物质。
31. 简述浊流沉积与鲍玛序列的基本特征。

第十五章　湖沼及其地质作用

一、名词解释

湖泊　泄水湖　不泄水湖　间歇湖　淡水湖　咸水湖　碱湖　苦湖　盐湖　硼砂湖　火山口湖　堰塞湖　海成湖　溶蚀湖及陷落湖　冰成湖　风蚀湖　沼泽　腐泥　油页岩　泥炭　煤　成煤作用

二、是非题

1. 同一深水湖中不同深度的湖水,其含盐度都是相同的。(　　)
2. 湖泊的沉积作用过程也就是湖泊发展和消亡过程。(　　)
3. 一般地说,湖泊的面积常常是很快地缩小乃至消失(即存在的地质时期较短),它对人类是百利而无一害的。(　　)
4. 一般地说,潮湿气候区的泄水湖是淡水湖,干旱气候区的不泄水湖是咸水湖。(　　)
5. 干旱气候中的湖泊,当其进入硫酸盐沉积阶段时,则标志着盐类沉积的最后阶段。(　　)
6. 柴达木南部的察尔汗湖是我国目前最大的盐湖。(　　)
7. 干旱气候区的湖泊,其盐类沉积在垂直剖面上具有一定的沉积顺序。(　　)
8. 沼泽的唯一成因是湖泊的发展演变。(　　)
9. 煤是泥炭遭受变质作用后的产物。(　　)
10. 煤的形成需要一个富氧环境。(　　)
11. 在南极地区发现煤层后,人们认为大型、厚层煤矿床多在热带或亚热带气候条件下形成的。(　　)

三、选择题

1. 干旱气候区中的湖泊,当其进入碳酸盐沉积阶段时,最先沉积的盐类是(　　)。
a. 钾碳酸盐　b. 钙碳酸盐　c. 镁碳酸盐　d. 氯碳酸盐
2. 我国主要成煤时期是(　　)。
a. 奥陶纪　b. 石炭纪　c. 泥盆纪　d. 侏罗纪
3. 地球上采于石灰岩和白云岩储油层中的石油占(　　)。
a.30%　b.70%　c.40%　d.20%
4. 在已发现的石油地层中,有60%的石油形成于(　　)。
a. 前寒武纪　b. 古生代　c. 中生代　d. 新生代

四、填空题

1. 温湿气候区湖泊中的水,主要来源于(　　　　)和(　　　　)。
2. 干旱、冷湿气候区湖泊中的水,主要来源于(　　　　)和(　　　　)。
3. 当咸水湖的含盐度大于(　　　　)g/L时,则称为盐湖。
4. (　　　　)是一切湖泊发展的归宿。
5. 腐泥是(　　　　)和(　　　　)的混合物,富有弹性。
6. 腐泥成岩后可形成(　　　　)岩。

7. 煤层常常与(　　　　　)岩和(　　　　　)岩等的沉积岩共生。

8. 沼泽可形成于不同气候带,但以(　　　　　)带、(　　　　　)带最易发育。

9. 我国是煤炭资源极为丰富的国家之一。主要成煤时期是(　　　　　)纪、(　　　　　)纪、(　　　　　)纪和(　　　　　)纪;(　　　　　)纪为泥炭堆积时期。

10. 我国的硼砂湖主要分布在(　　　　　)高原上。

11. 石油在地表的天然露头,称作(　　　　　)。

12. 内力地质作用所形成的湖泊有(　　　　　)、(　　　　　),外动力地质作用所形成的湖泊有(　　　　)、(　　　　)、(　　　　)、(　　　　)、(　　　　)、(　　　　)和(　　　　)等。

五、问答题

1. 湖泊是怎样形成的? 其演化规律如何?
2. 影响湖泊地质作用的因素是什么?
3. 为什么说湖泊的地质作用是以沉积作用为主?
4. 干旱气候区与潮湿气候区湖泊的沉积作用有何异同点?
5. 为什么湖泊的沉积物可以作为气候状况的指示?
6. 干旱气候区湖泊的沉积规律是什么(垂直剖面和水平分布)?
7. 为什么说沼泽发展过程也就是其沉积作用形成有机质或泥炭的过程?
8. 沼泽的成因及其所形成的沉积物有哪些?
9. 煤是怎样形成的? 它在煤化过程中应必备哪些条件?
10. 石油是怎样形成的?
11. 湖泊沉积中可形成哪些主要矿产?
12. 为什么有的地区可形成上百米厚的煤层或盐层?
13. 研究湖泊和沼泽的地质作用有何理论意义和实际意义?
14. 简述湖泊沉积物的特征。

第十六章　荒漠特征与风的地质作用

一、名词解释

风蚀作用　风的吹蚀(吹扬)作用　风的磨蚀作用　风蚀地貌　蜂窝石(风蚀壁龛)　风蚀穴　风蚀蘑菇　风蚀柱　摇摆石　风蚀谷　风蚀洼地　风蚀湖　风棱石　风的搬运作用　风的沉积作用　沙漠漆　风成砂　沙波纹　沙堆　沙丘　新月形沙丘　纵向沙丘　黄土　黄土结核(姜石)　荒漠　岩漠　砾漠　沙漠　泥漠　次生黄土　沙漠化

二、是非题

1. 地球上沙漠的分布与大气环流程式有关。　(　　)
2. 沙漠可以形成于干旱气候区高大山脉的背风面。　(　　)
3. 风积物主要分布于南、北纬15° ~40° 之间的大陆内部干旱、半干旱的气候区。　(　　)
4. 在大部分荒漠中,沙丘是主要地形。　(　　)
5. 干旱气候区的山前侵蚀平原主要是由风蚀作用形成的。　(　　)
6. 风并不是在塑造荒漠地形中占优势的作用。　(　　)
7. 风棱石可以有凹凸不平的表面,且棱面总是面向风的。　(　　)
8. 沙漠主要是由风的地质作用形成的,而与其他外动力地质作用无关。　(　　)
9. 风和流水作用相同,都能在其沉积作用的表面上形成波痕。　(　　)
10. 新月型砂丘背风面与迎风面呈对称状态,且逆着风向迁移。　(　　)
11. 沙漠中也常出现“瞬时”洪水。　(　　)
12. 石英颗粒是组成沙丘的主要物质。　(　　)
13. 风蚀地形主要是由风蚀作用独自形成的。　(　　)
14. 沙波纹通常与风向垂直,并顺风向迁移。　(　　)
15. 沙漠的形成主要取决于气候,并受地形影响。　(　　)
16. 黄土的沉积场所受当地地形和地质条件控制。　(　　)
17. 所有的黄土都具有极其明显的层理构造。　(　　)
18. 被风吹扬起的砂量是随着高度的增加而减少的。　(　　)
19. 风成砂中一般不含有任何生物遗迹。　(　　)

20. 新月形的沙丘，其迎风面较缓、背风面较陡并呈向内弯的凹面。（　　）

三、选择题

1. 风蚀能力的大小与风所夹带的碎屑颗粒有关的性质是（　　）。

a. 颗粒的成分　　b. 颗粒的比重　　c. 颗粒的大小　　d. 颗粒的形状

2. 某地区的风蚀作用极限面——风蚀基准面是（　　）。

a. 当地最低地面　　b. 当地河水面　　c. 海平面　　d. 当地的地下水面

3. 沙漠地区中之所以能形成"绿洲"的主要原因是（　　）。

a. 该地区有较丰富的降雨量　　b. 风蚀作用使该地区地下水面出露地表

c. 该地区有较多的耐干旱植物　　d. 该地区风蚀作用较弱

4. 最易使颗粒在搬运过程中磨圆的介质是（　　）。

a. 流水　　b. 海水　　c. 风　　d. 冰川

5. 风搬运作用的主要方式是（　　）。

a. 悬运　　b. 跃运　　c. 推运

四、填空题

1. 风蚀作用的主要方式是风的（　　　）作用和风的（　　　）作用等两种类型。

2. 沙漠地带"瞬时"洪流中的水，会由（　　　）和（　　　）而迅速地消失。

3. 风蚀盆地中的风蚀作用极限仅受（　　　）深度所限制。

4. 风成沙常具有以（　　　）等矿物为主、（　　　）好、（　　　）好、表面具（　　　）、沙层常具（　　　）和（　　　）层理等特征。

5. 新月形沙丘多发育于（　　　）较多、（　　　）较平坦、（　　　）较稳定的沙漠边缘地区；其排列方向多与风向（　　　）。

6. 纵向沙丘发源于供砂量（　　　）、有强烈的（　　　）的沙漠地区；其延伸方向与风向（　　　）。

7. 若风速同于流水流速，风比流水的剥蚀力（　　　）。

8.（　　　）国是世界上黄土分布面积最广、厚度最大的国家。

9. 沙丘移动的过程体现在（　　　）、（　　　）和（　　　）三个方面。

10. 根据荒漠地面形态和堆积物的特征，将荒漠划分为（　　　）漠、（　　　）漠、（　　　）漠和（　　　）漠等四种类型。

11. 我国西北黄土高原上广泛发育有（　　　）、（　　　）和（　　　）等三种主要地貌形态。

12. 古代（　　　）沉积物是蒸发岩矿物的丰富源泉。

13. 风棱石棱脊线的延伸方向大致与当时的风向（　　　），是风蚀作用的重要证据。

五、问答题

1. 影响风蚀作用强度的主要因素有哪些？

2. 为什么说沙漠的存在可以作为干旱气候区的一种特殊标志？

3. 以蘑菇石为例说明风蚀作用的异同点。

4. 试比较风和流水搬运作用的异同点。

5. 风的堆积方式及其堆积物有何特点？

6. 风成砂的主要特征是什么？

7. 依据沙漠形成的气候和地理条件，世界上现代沙漠的分布可以划分为哪几个带？

8. 黄土的一般特征有哪些？

9. 新月型沙丘是如何形成的？它有哪些特点？

10. 为什么沙丘能够呈现出不同的形态？

11. 你认为哪些证据足以表明半干旱区的黄土是风成的？

12. 风蚀作用可以形成哪些类型的风蚀地貌？

13. 华北平原和长江中、下游的黄土状沉积物在成因上与半干旱气候区的黄土有何不同？

14. 黄土为什么常出现在沙漠的边缘？成分上有何特点？

15. 古代风成砂多已固结成岩，风蚀和风积地形早已荡然无存。那么识别古代风成砂的主要标志是什么？

16. 著名的"丝绸之路"绕塔里木盆地边缘通过，试分析其原因？

17. 研究风的地质作用有何意义？

18. 试述风积物与冲积物有何异同。

19. 试述现代沙漠的分布。

第十七章　块体运动

一、名词解释

块体运动　崩落　崩滑　散落　坠落　翻落　滑坡　蠕移　土层蠕动　岩层蠕动　泥石流
稀性泥石流　粘性泥石流　粒流

二、是非题

1. 岩块(或土层)在运动过程中各部分受力状况不同,变形的性质、程度、规模、速度也不同。（　　）
2. 崩落常发生在山体边缘、坚硬岩石组成的悬崖峡谷地带,及河、湖、海岸的陡崖等地。（　　）
3. 岩层蠕动主要发生在坚硬的岩石中。（　　）
4. 稀性泥石流因含固体物质少、水量充足、粘度小,所以其流态为紊流。（　　）
5. 粘性泥石流因含固体物质多、水量少、粘度大,所以其侵蚀能力与搬运能力都较小。（　　）
6. 水在物质滑移中并不起着重要的作用。（　　）
7. 蠕动常影响到基岩。（　　）

三、选择题

1. 大规模的海底滑坡常造成的地质现象是(　　)。
a. 地震　　b. 浊流　　c. 海啸
2. 产生块体运动的动力来源于(　　)。
a. 外界的触发力　　b. 物体本身的重量　　c. a与b
3. 蠕动作用只发生于(　　)。
a. 地表　　b. 地表以下不深处　　c. a与b皆可
4. 土层蠕动的外部原因主要是(　　)。
a. 温度变化　　b. 湿度变化　　c. 岩性变化

四、填空题

1. 在河岸、湖岸等局部地形陡峻地区常发生崩落。一般认为地形陡坡度大于(　　　　)度时即可发生崩落。
2. 在块体运动中(　　　　)、(　　　　)以及(　　　　)等因素往往起促进和触发作用。
3. 根据物质的组成和运动特点,将块体运动分为(　　　)、(　　　)、(　　　)及(　　　)四大类。
4. 影响崩落发生的因素有(　　　　)、(　　　　)和(　　　　)因素等。
5. 崩落可以划分为(　　　　)、(　　　　)和(　　　　)三种形式。
6. 滑坡的要素一般有(　　　　)、(　　　　)、(　　　　)、(　　　　)等组成。
7. 影响滑坡形成的因素有(　　　　)、(　　　　)、(　　　　)、(　　　　)及地震、大爆破和各种机械震动。
8. (　　　　)、(　　　　)和(　　　　)等均是触发海底滑坡的重要因素。
9. 形成泥石流的基本条件有:第一,要有大量(　　　　)的供给;第二,要有较(　　　　)的沟谷地形;第三,能在短时间内补给充沛的(　　　　)。
10. 影响泥石流发育的因素有(　　　　)、(　　　　)、(　　　　)和(　　　　)等。
11. 典型的泥石流流域可以划分为三个区,即上游为(　　　　)、中游为(　　　　)和下游为(　　　　)。

五、问答题

1. 引起块体运动的条件有哪些?
2. 为什么说块体运动既是地质作用的动力,又是地质作用的对象?
3. 为何洪水退后河岸易发生崩塌?
4. 简述滑坡的预报及其防治。
5. 引起土层和岩层蠕动的原因是什么? 蠕动有何特点?
6. 粘性泥石流和稀性泥石流的主要区别是什么?
7. 大雨过后最易发生哪些属性的块体运动? 为什么?
8. 试述泥石流的地质作用?

9. 泥石流会产生哪些灾害？如何进行防治？

10. 为什么我国陇海线西线宝鸡—天水—兰州一带滑坡时有发生？

11. 在公路切穿山体的地方，常常可以看到页岩层因土壤蠕动而下弯的现象。此种现象与构造运动所造成的褶皱有何区别？

12. 试比较崩塌、滑坡、蠕动和泥石流在形成条件上有何主要异同点？

13. 块体运动的条件是什么？

14. 简述滑坡易于形成的场所。

15. 泥石流与蠕移机制是什么？

第十八章　行星地质概述

一、名词解释

宇宙　星系　银河系　太阳系　恒星　行星　卫星　流星　小行星　彗星　黄道面　类木行星　月海　月陆　冲击构造　陨石　类地行星

二、是非题

1. 只有地球和木星才有自己的卫星。（　）
2. 地球和太阳系中其他行星形成的确切方式还未完全知道。（　）
3. 行星的大小与它们距离太阳的远近无关。（　）
4. 在早期，类地行星是没有大气圈的。（　）
5. 火山活动产生的气体构成了地球的原始大气圈。（　）
6. 火山活动与地球水圈的形成无关。（　）
7. 月球在冷缩形成时有可能是一个独立的行星，在它自己的轨道上围绕太阳运转。（　）
8. 月球的构造及组成与类行星的很不一样。（　）
9. 月震和地震同样强烈。（　）
10. 月球表面的浮土平均有几米到几十米厚。（　）
11. 根据地震波揭示，月壳是位于月幔之上。（　）
12. 虽然月球缺乏磁场，但它是有微弱磁性的星体。（　）
13. 月球表面存在高速率的热散失。（　）
14. 月陆是均衡的，并形成于月海之前。（　）
15. 迄今为止，从月球上带回来的火成岩仅有三个种类。（　）
16. 大部分陨石在通过地球大气圈时都会发生燃烧。（　）
17. 足以使月球表面岩石熔化的热量可能是由于陨石撞击而产生的。（　）
18. 较大的陨石撞击形成了月海盆地。（　）
19. 火星与地球有许多相似的地方。（　）
20. 火星上的冰盖随着季节的变化而增大或缩小。（　）
21. 火星上的Olumpus山是已知所有行星上最大的火山。（　）
22. 陨石在火星上的撞击不是一个重要的剥蚀作用。（　）
23. 所有的类地行星似乎有着某些相似的历史。（　）
24. 所有类地行星似乎都经历过火成活动的岩浆阶段。（　）
25. 也许地球是唯一具有形成经济价值矿床的类地行星。（　）

三、选择题

1. 苏联于（　）年将第一颗人造卫星发射进入轨道。

a. 1950　b. 1957　c. 1967　d. 1970

2. 太阳的直径是1600000km，约为太阳系中最大的行星（　）直径的十三倍。

a. 金星　b. 天王星　c. 木星　d. 地球

3. 地球和太阳系中其他行星的冷缩作用大约结束于（　）Ma以前。

a. 38　b. 30　c. 50　d. 46

4. 部分月海没有处于均衡状态，质量过剩的区域称为（　）。

a. 月陆　b. 质量瘤　c. 陨石　d. 热柱

5. 月球可能形成于千百万个固体粒子的聚集，这个过程称为(　　)。

a. 增生作用　　b. 分异作用　　c. 压紧作用　　d. 撞击作用

6.(　　)是与地球一样具有磁场的唯一的类地行星。

a. 水星　　b. 火星　　c. 金星　　d. 土星

7. 太阳系中有一颗行星，似乎与任何可以接受的关于太阳系起源的理论都不符合。它是(　　)。

a. 小行星　　b. 火星　　c. 木星　　d. 冥王星

四、填空题

1. 水星、(　　　　)、地球和(　　　　)统称为(　　　　)行星；木星、土星、(　　　　)和(　　　　)称为(　　　　)行星。

2. 太空中99%以上的原子是由(　　　　)和(　　　　)组成；当太空中轻元素结合成重元素时，释放出热能，这个过程称为(　　　　)。

3. 地球形成后，一个由(　　　　)和(　　　　)组成的大气圈包裹着它。

4. 月球表面被一层叫作月壤的(　　　　)覆盖着；在破碎的岩石之下是23km厚的(　　　　)层；月球的岩石圈约(　　　　)km厚。

5. 月球微弱的磁性是来自(　　　　)。

6. 宇航员已从月球上带回三种材料是(　　　　)、表面浮土和(　　　　)。

7. 月陆的斜长岩可能是早在距今(　　　　)Ma前形成的。

8. 月陆采集到的一块富钾玄武岩，经年龄测定为(　　　　)Ma或更早。

9.“次生”的较年轻的玄武岩，富含铁和钛，仅出现于低洼的(　　　　)区。

10.(　　　　)可能是地球的过去形象，而(　　　　)则可能是地球将来的形象。

11. 所有的类地行星似乎都经历了(　　　　)加热阶段。

12. 地球在类地行星当中是唯一具有(　　　　)圈和(　　　　)圈的星球。

13. 其他类地行星上由于缺乏(　　　　)和(　　　　)，所以，矿床的形成几乎不可能。

五、问答题

1. 你如何理解“天地四方曰宇；古今往来曰宙”。

2. 宇宙和总星系两者有何不同？

3. 太阳对地球上的地质作用有何影响？

4. 类地行星的物质成分、表面特征(地貌地质构造)与地球有哪些相同的地方？

5. 从地质角度看，卫星和类地行星有何异同？

6. 陨石可分为几类？它们各自的主要成分是什么？对研究地球有哪些实际意义？

7. 目前人们对天体的年龄和物质组成方面有哪些基本认识？

8. 试述太阳系的结构及其基本特征。

9. 如何解释类地行星与类木行星之间性质上的差异？

10. 为什么说地球的成因与太阳系的成因是不可分割的？

11. 月岩、月壤和地球上的岩石、土壤有何不同？是什么原因引起的？

12. 哪些因素使地球成了一个特别适宜生命发展的场所？

13. 关于太阳系的形成理论当中有哪种理论更能被人们所接受？

14. 请回答有关月球的下列问题：

a. 月球是怎样形成的？　　b. 月震的原因是什么？

c. 月震能告诉我们任何月球内部的消息吗？　　d. 月壳与地壳相似吗？

e. 月球也具有地球一样的圈层构造吗？　　f. 月球微弱磁性的起源是什么？

g. 为什么有两种月球玄武岩？它们形成于什么地方？

h. 月球角砾岩是怎样形成的？　　i. 月球表层浮土与地球上土壤层有何不同？

15. 请回答有关陨石的下列问题：

a. 是否可以说撞击月球表面的陨石较撞击地球表面的陨石要多？

b. 月球表面被陨石撞击后留下哪些特征？

16. 月球上现有哪些剥蚀作用？

17. 简述冲击构造及其识别标志。

18. 简述陨石的成分分类。

19. 简述月球的层圈构造及其特征。

20. 简述太阳系的构成、大小、三大特征。

综合思考题

1. 简述地震的深度分类和成因分类。
2. 简述海底扩张的证据和威尔逊旋回6阶段。
3. 叙述外力地质作用的一般特征。
4. 叙述板块构造作用的基本特征。
5. 叙述地球内部各层圈构造及其物质成分、各个界面的深度与名称。
6. 试述河流三角洲的形成条件,以及日本东部不会有三角洲的原因。
7. 试述干旱气候区湖泊的沉积规律(垂直剖面和水平分布)。
8. 叙述河流阶地的特征。
9. 叙述河流侵蚀作用的一般特征。
10. 叙述三大类岩石的形成与演化关系。
11. 简答冰碛物的六项主要标志 。
12. 简答河流沉积物(冲积物)的五点特征。
13. 简答地层的6种接触关系。
14. 叙述火山岩和侵入岩形成机制及主要岩石类型。
15. 叙述板块构造理论建立的主要证据。
16. 叙述滨海沉积的基本特征。
17. 简答风化壳特征与研究意义。
18. 简答形成牛轭湖的侧向侵蚀过程。
19. 简答湖泊沉积物的五点特征。
20. 简答现代珊瑚礁的五点形成条件。
21. 叙述河流地质作用的基本特征。
22. 比较风积物与冲积物的异同点。
23. 请叙述如何判断断层的存在及其形成年代。
24. 论述板块构造存在证据,并简要阐明板块理论建立的三大支柱和板块边界类型。
25. 叙述河流侵蚀作用的一般特征和河流阶地的特征。
26. 论述三大岩类的对比和转换关系(画图表示者,必须有文字详细说明)。
27. 简述海底平顶山的形成过程与地幔热点的关系。
28. 简述浅海带的主要沉积特征。
29. 分析大陆岩石圈与大洋岩石圈的差异以及大陆动力学研究的重要性。
30. 分析"将今论古"、"以古论今、论将来"和"活动论"这三大地质学思维方法论,谈谈它们对指导地质学理论研究的重要性。
31. 叙述威尔逊旋回的理论意义及其基本特征。
32. 叙述海底扩张理论的六方面证据。
33. 河流沉积作用有何特点? 其形成的地形有哪些?
34. 简述风沉积作用的特点,列表展示风积物与冲积物的区别。
35. 罗列变质作用类型及其代表性岩石。
36. 列表展示冰碛岩和冰水沉积岩的特征与区别。
37. 在混合岩中,为何基体总是暗色的,而不是浅色的?
38. 在接触变质作用中,为何是中酸性岩浆和沉积岩发生作用,而不是基性岩浆?
39. 分析湖泊作用的若干重要因素。
40. 风的搬运及其堆积有何特点?
41. 地下水的剥蚀、搬运及其沉积作用与地表水有什么不同?
42. 为什么大洋盆地很深,但沉积物厚度却很薄?
43. 为何日本东部受海啸影响大,而中国东部受海啸影响较小?
44. 河流沉积的二元结构是如何形成的?

45. 分析岩浆的主要来源和火成岩种类众多的原因。
46. 分析喀斯特作用充分发育的条件。
47. 分析珊瑚礁的形成条件。
48. 分析浅水湖泊的沼泽化过程。
49. 矿物按化学成分和化学性质，可划分为哪几类？
50. 防治灾害性块体运动有何有效措施？
51. 外动力作用的主要因素、成岩过程及其代表产物。
52. 板块构造理论中的威尔逊旋回的研究意义。
53. 分析花岗质岩浆的主要来源和岩石种类众多的原因。
54. 分析区域角度不整合特征及其研究意义。
55. 分析河流的均夷化与去均夷化的原因及其产物。
56. 简述河流旁蚀作用的原因及其结果。
57. 阐述活动大陆边缘主要构造单元及其物质组合。
58. 请列举4种可以用来判别沉积环境的沉积构造，并加以说明。
59. 变质作用过程中，矿物可能发生哪些变化？
60. 简述浊流沉积的特点。
61. 对比河流三角洲和湖泊三角洲的沉积特点。
62. 什么是沉积不整合？简述沉积不整合形成的地质过程。
63. 有人提出，长江第一湾是河流袭夺的结果。什么是河流袭夺？发生河流袭夺的原因是什么？
64. 由断层造成的地层重复出露与褶皱造成的地层重复有何异同？
65. 生物大爆炸发生在什么时间？标志性生物群落是什么？试述发生生物大爆炸的原因。
66. 为什么在我国南海会出现众多珊瑚岛屿与暗礁？其形成机理如何？
67. 我国地形地貌非常复杂，有世界"第三极"青藏高原，横亘的山脉，也有山川河谷以及平原。请论述这些差异性地貌形成原因有哪些？可以从哪些方面研究这些地貌？有何意义？
68. 深海大洋盆地沉积物有哪些类型？分布有何特征？对板块构造理论的建立有何贡献？
69. 我国陇海线宝鸡—天水—兰州一带滑坡时有发生，试分析其原因。
70. 综合所学的地质学基础知识，谈谈物质成分（岩石、矿物、化学成分）研究和地质构造（褶皱、断裂、节理等）研究的重要性。
71. 根据所学知识，用方框图解的方式，勾绘地球物质组成框架图（框架图应包括壳、幔、核；地壳中的三大岩类；每个大岩类中的次级岩类；每种次级岩类的代表性岩石4个层次）。
72. 根据下面某地区地层柱状图给出的信息，描述该地区的沉积环境、造山—岩浆活动以及地质演化历史。
73. 在一条公路断面上，依次出现三套岩石，分别是砂岩—粉砂岩—泥岩—灰岩、云母片岩、榴辉岩，三者之间为逆断层接触，运用褶皱、断裂和风化剥蚀等理论知识，分析不同深度、不同温压等地质条件下形成的不同岩石现在能在地球表面彼此共存的原因。
74. 综合所学的地质学基础知识，谈谈地球外动力作用与地质环境、生物生存与演化的关系。
75. 地质学的研究对象、内容、研究方法。结合地质实践，举例谈谈地质学研究的基本思维方法论。
76. 根据下图给出的信息，判断A、B、C三种接触关系，并说明其地质意义。

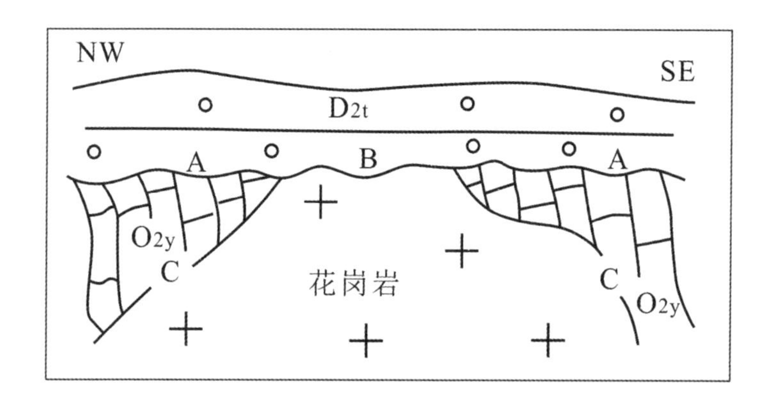

77. 根据下面地层剖面给出的信息，描述该剖面反映出来的褶皱、变形构造、地层层序、沉积环境以及地质演化历史。

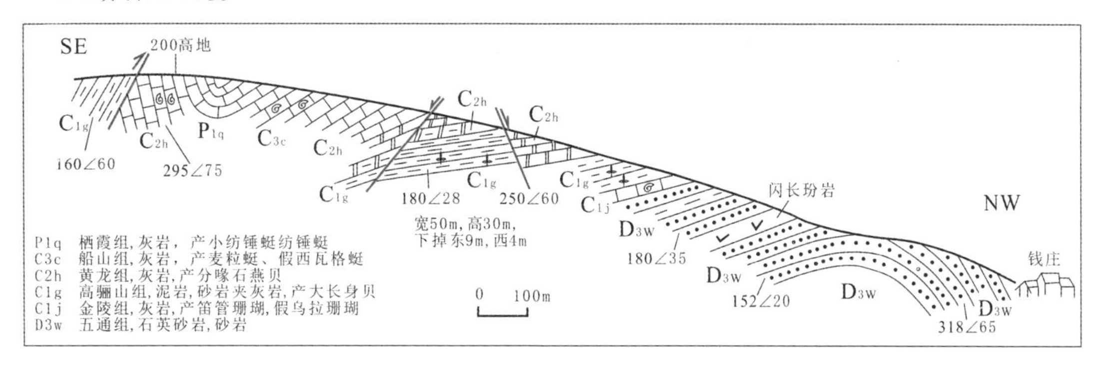

78. 运用所学知识，分析判断下图中7个地质体的形成顺序(从老到新)，并说明详细原因。

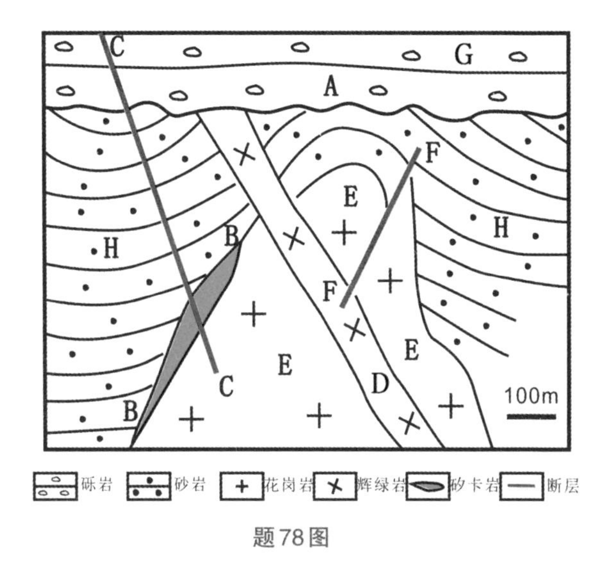

题78图

79. 根据右侧某地区地层柱状图给出的信息，描述该地区的沉积环境、造山—岩浆活动以及地质演化历史。

地层 界	系	统	代号	柱状图	厚度(m)	岩性简述
新生界	第四系		Q		20	砂、砾层
中生界	侏罗系	下统	J_1		100	砂岩、砾岩夹玄武岩
	三叠系	下统	T_1		150	杂色砂岩、页岩
古生界	二叠系	上统	P_3		190	黄色砂质页岩夹铝土页岩
		中统	P_2		225	黄色中层砂岩、泥岩夹煤层，含大羽羊齿
		下统	P_1		135	灰色厚层石英砂岩
	石炭系	上统	C_2		250	灰黑色页岩、砂岩互层夹煤层
	奥陶系	下统	O_1		175	灰色厚层白云质灰岩
	寒武系	上统	$∈_3$		320	黑色厚层泥质灰岩，含三叶虫化石
		中统	$∈_2$		200	灰色中层鲕粒状灰岩、含三叶虫化石

题79图

80.仔细读地质简图,回答下列问题:
(1)填写1~6图例名称,并写出各岩石、地层的形成时序;
(2)写出图中表示的所有接触关系,并在图中标示出来;
(3)确定岩浆活动时代;
(4)写出区内褶皱种类、组成、形态特征及形成时代;
(5)判别新近纪岩层(N)的出露产状或地质特征;
(6)判别区内断层的产状、性质及形成年代;
(7)简述区内地质发展简史。

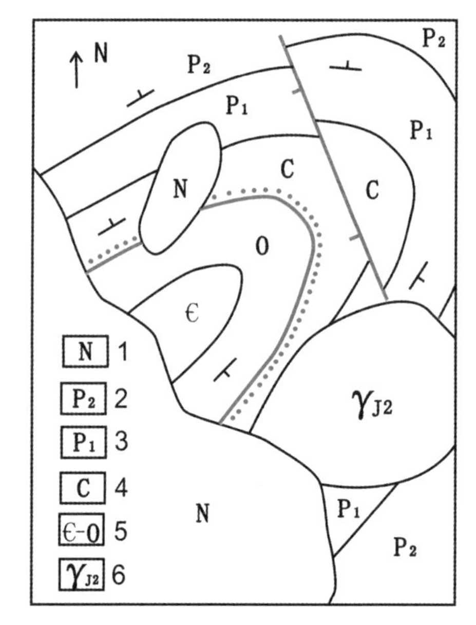

81.仔细读地质简图,回答下列问题:
(1)填写1~7图例名称,写出各岩石、地层的形成时序;
(2)写出图中表示的所有接触关系,并在图中标示出来;
(3)确定岩浆活动时代;
(4)写出区内褶皱种类、组成、形态特征及形成时代;
(5)判别区内断层的产状、性质及形成年代;
(6)简述区内地质发展简史。

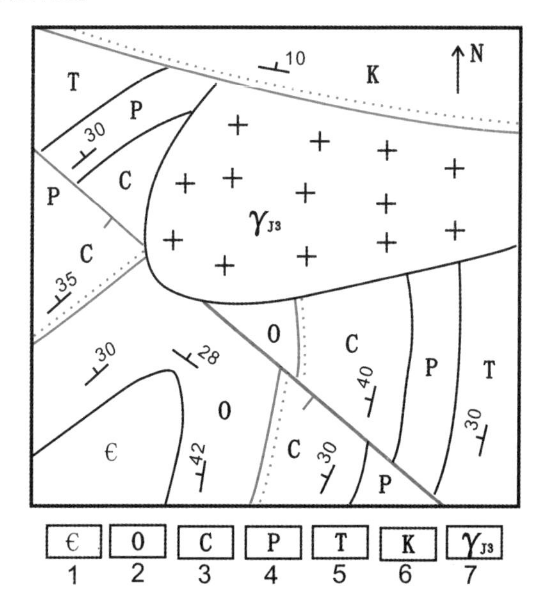

82. 分析下面地质剖面图，完成下列工作：
(1) 制作图例，写出各岩石名称；
(2) 写出地层的形成时序；
(3) 写出图中表示的接触关系，地质含义；
(4) 确定褶皱种类、组成、形态特征及形成时代；
(5) 恢复区内断层的产状、性质及形成时代；
(6) 恢复区内地质发展简史。

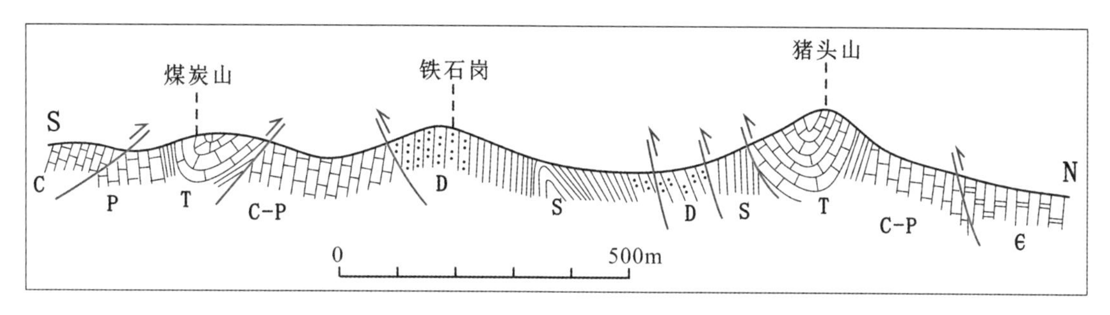

83. 分析下面地质剖面图，回答该图所表达的地质发展史（各时间段对应什么地质年代、什么构造期、发生什么事件、造成什么结果，恢复地质发展简史）。

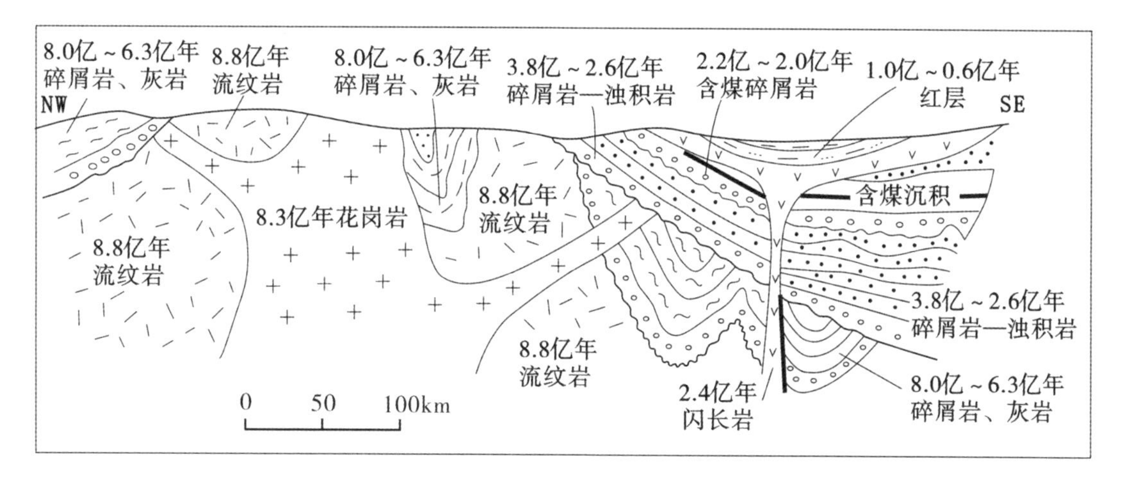

参考答案

第一章

二、填空题

1. 地壳、与地壳有密切关系的部分；2. 地壳的物质组成、地层年代与地质发展历史、地壳运动与地质构造、地质作用力与地质作用、地质学的应用问题；3. 资料收集、野外考察、分析化验与模拟试验、综合解释；4. 今天是过去的钥匙、将今论古、郝屯、莱伊尔；5. 化石。

第二章

二、是非题

1. ×；2. ×；3. ×；4. ×；5. ×；6. ×；7. ×；8. ×；9. ×；10. ×；11. ×；12. ×；13. ×；14. ×；15. ×；16. √；17. ×；18. ×；19. ×；20. ×；21. ×；22. ×；23. ×；24. ×；25. ×；26. ×；27. ×；28. ×。

三、选择题

1. d；2. b、d；3. b、c；4. b；5. d；6. a；7. a、c、d；8. c、d；9. a；10. b；11. b；12. a；13. b；14. c；15. a；16. a、b；17. b；18. b、c。

四、填空题

1. 元素、矿物、岩石；2. 氧、硅、铝、长石、石英、硅酸；3. 形态特征、光学、力学；4. 一向延长型、二向延长型、三向等长型；5. 粒状、柱状（或针状）、短柱状、粒状、板状、柱状；6. 三组完全解理、一组极完全解理、两组中等解理、一组完全一组中等解理、无解理、无解理；7. 7、9、5、2；8. 自然元素类、氧化物类、硫化物类、卤化物类、硫酸盐类、硅酸盐类；9. 磁性、滑感、滑感、染手、弹性；10. <45%、45%～52%、52%～65%、>65%；11. 母岩风化后的产物、宇宙物质、火山物质、生物作用的产物及生物遗体；12. 基底式、接触式、孔隙式；13. 波痕、泥裂、印痕；14. 碎屑、泥质、化学、生物；15. 稀盐酸、起泡；16. 稀盐酸、强烈起泡、微弱起泡；17. 温度、压力、具化学活动性的流体；18. 大理岩、矽卡岩、板岩、千枚岩（或片岩、片麻岩、榴辉岩，任选一种）、糜棱岩；19. 酸性、基性、含钙质、接触交代；20. 火山角砾岩、火山凝灰岩；21. 变质、外力、岩浆；22. 深成岩、浅成岩、喷出岩；23. 硅质岩、磷质岩、铁质岩。

第三章

二、是非题

1. √；2. ×；3. √；4. ×；5. √；6. ×；7. √；8. ×；9. ×；10. √；11. √；12. √；13. √；14. ×；15. ×；16. √；17. √；18. √；19. ×；20. √；21. √；22. ×；23. √；24. ×。

三、选择题

1. d；2. c；3. a；4. b；5. c；6. a；7. d；8. d；9. a；10. c；11. b；12. d；13. c；14. c。

四、填空题

1. SiO_2、酸性、中性、基性、超基性；2. 闪长岩、正长岩；3. 挥发组分、温度；4. 冰岛、岛、欧亚；5. 万烟谷、间歇喷泉、老实泉、热泉、西藏；6. 分异、重熔；7. 软流圈、热点、俯冲带。

第四章

二、是非题

1. ×；2. √；3. √；4. ×；5. ×；6. √；7. √；8. √；9. √；10. ×；11. √；12. ×；13. ×；14. ×；15. ×；16. √；17. ×。

三、选择题

1. b；2. a；3. d；4. d；5. b、c；6. c；7.b、c；8. d；9. b；10. c；11. a；12. d；13. d；14. b。

四、填空题

1. 地心引力；2. 4～8、0. 9～5；3. 1.46、1.47、1.46；4. 铁陨石、石陨石、石铁质陨石；5. 环太平洋山系、阿尔卑斯—喜马拉雅山系；6. 日本海沟、琉球海沟、马里亚纳海沟；7. 大西洋型、太平洋型；8. 风化、剥蚀、搬运、沉积、成岩；9. 地壳运动、岩浆作用、变质作用、地震活动；10. 80、5、33；11. 70、20、250；12. 能在内部传播地震波、固体潮现象；13. 热剩磁、沉积剩磁。

第五章

二、是非题

1. √；2. √；3. √；4. ×；5. √；6. √；7. √；8. √；9. √；10. √；11. √；12. √；13. √。

三、选择题

1. a；2. b；3. a、d；4. c；5. c；6. b；7. c。

四、填空题

1. 固体；2. 接触变质、接触热、接触交代；3. 大小、性质；4. 板状、千枚状、片状、片麻状；5. 变质相；6. 千枚岩、片岩；7. 水分；8. 角岩，“角”；9. 混合岩；10. 正变质岩、副变质岩。

第六章

二、是非题

1. √；2. ×；3. ×；4. ×；5. √；6. √；7. ×；8. √；9. ×；10. ×。

三、选择题

1. d；2. b；3. c；4. d；5. c；6. a；7. c；8. d；9. b；10. c。

四、填空题

1. 三叶虫；2. 实体、实体、遗迹、遗物、铸模、实体；3. 河北省迁西、3.4Ga；4. 骨骼、牙齿、甲壳、蛋、根、茎、叶；5. 层面构造、层理、化石分布；6. 4.5Ga、2.5Ga、570Ma、400Ma、225Ma、70Ma、2.4Ma；7. 演化快、分布广、数量多；8. 寒武纪E、奥陶纪O、志留纪S、泥盆纪D、石炭纪C、二叠纪P、三叠纪T、侏罗纪J、白垩纪K、第三纪R、第四纪Q；9. 老第三纪E、新第三纪N、古新世E_1、始新世E_2、渐新世E_3、中新世N_1、上新世N_2；10. 二叠、中生、侏罗。

第七章

二、是非题

1. √；2. √；3. ×；4. √；5. √；6. ×；7. ×；8. ×；9. √；10. ×；11. ×；12. √；13. ×；14. √。

三、选择题

1. b；2. a；3. d；4. a；5. c；6. c；7. d；8. c。

四、填空题

1. 断裂、地震波；2. P、S、表面、P；3. 郯城、8.5、8.9、1960、智利；4. 里希特、地震烈度；5. 液态、地核；6. 环太平洋带、80、90、100；7. 构造、90；8. 海震、海啸。

第八章

二、是非题

1. √；2. ×；3. √；4. √；5. √；6. √；7. √；8. ×；9. √；10. ×；11. √；12. √；13. √；14. ×；15. √。

三、选择题

1. c；2. c；3. a、d；4. c；5. d；6. a、b；7. b；8. b。

四、填空题

1. 构造运动、褶皱变形、断裂变形、褶皱、断裂；2. 断层、节理；3. 走向线、露头线、交面线；4. 张、挤压、剪切；5. 地堑、地垒；6. 旋转、冲、辗掩；7. 逆、正、平移；8. 牵引、断层角砾；9. 轴面、轴线、延伸；10. 平卧、正常翼、倒转翼；11. 穹隆、石油。

第九章

二、是非题

1. √；2. ×；3. √；4. ×；5. ×；6. √；7. √；8. ×；9. √；10. √；11. ×；12. √；13. √；14. √；15. ×；16. √；17. √；18. √；19. √。

三、选择题

1. c；2. a；3 d；4. b；5. b；6. c；7. b；8. c；9. a；10. a；11. b；12. a；13. b；14. b。

四、填空题

1. 1912、魏格纳、《海陆起源》；2. 200Ma、泛大陆；3. 劳亚、冈瓦纳、特提斯；4. 古地磁、沉积剩磁、热剩磁；5. 引张、挤压；6. 玄武质、安山质；7. 浊积岩；8. 印度、欧亚；9. 地缝合线；10. 正向、反向。

第十章

二、是非题

1. ×；2. ×；3. ×；4. √；5. ×；6. √；7. √；8. ×；9. √；10. ×；11. ×；12. √；13. √；14. √；15. √；16. ×；17. √；18. √；19. √；20. √；21. ×；22. ×；23. √；24. ×；25. √；26. √；27. ×。

三、选择题

1. a；2. a；3. d；4. b；5. d；6. a、b；7. a、c；8. c；9. d；10. c；11. a。

四、填空题

1. 温差、冰劈、层裂、盐类的结晶与潮解；2. 溶解、水化、土解、碳酸化、氧化；3. 气候、岩石性质、地形、岩石的裂隙发育程度；4. 富含有机质的土壤层、残积层或亚土壤层、半风化岩石层、基岩；5. 坡积物、土壤；6. 垂直、水平；7. 气候、基岩性质、地形、气候；8. 寒冷、物理；9. 湿热；10. 化学。

第十一章

二、是非题

1. √；2. √；3. ×；4. √；5. ×；6. ×；7. ×；8. ×；9. √；10. ×；11. ×；12. √；13. √；14. ×；15. ×；16. ×；17. √；18. √；19. ×；20. ×；21. ×；22. ×；23. ×；24. √；25. ×；26. ×；27. ×；28. √；29. √；30. ×；31. √。

三、选择题

1. c；2. d；3. d；4. c；5. a；6. b；7. c；8. d；9. a；10. c。

四、填空题

1. 片流、洪流、河流；2. 洗刷、冲刷、侵蚀；3. $p=1/2mV^2$ 、水的流速；4. 河床的坡度、河床的平滑程度、河谷横剖面形状；5. 河床、空气、质点间、侵蚀、泥砂砾；6. 坡度较陡、松散物质分布较多、植被稀少；7. 河水的流速、水中的泥砂含量、河床的岩石性质、地质构造；8. 加深、“V”、源头、高度、坡度、圆滑；9. 荆江、87、240、九曲回肠；10. 片流洗刷、洪流洗刷、河流侵蚀、重力崩塌；11. 粘土、粉砂、细砂、砾石；12. 活力；13. K^+、Na^+、Ca^{2+}、Mg^{2+}、HCO_3^-、SO_4^{2-}；14. Fe、Mn 、Al 、Si；15. 地面坡度、岩性、地质构造、滑坡、侧蚀作用、科里奥利力；16. 悬运、推运、跃运；17. 河床、河漫滩、三角洲；18. 贵州、黄果树瀑布、58；19. 河谷加长、引起分水岭的降低或迁移、造成河流的袭夺；20. 大气降水、冰雪融水、地下水；21. 流量、流速、水位。

第十二章

二、是非题

1. ×；2. ×；3. ×；4. ×；5. ×；6. √；7. √；8. ×；9. ×；10. √；11. ×；12. ×；13. ×；14. ×；15. ×；16. √；17. ×；18. √；19. ×；20. √；21. √；22. √；23. √；24. √；25. √；26. ×；27. √；28. √；29. √；30. ×；31. ×。

三、选择题

1. c；2. b；3. d；4. c；5. a；6. a；7. d；8. d；9. a；10. a。

四、填空题

1. 冰晶、粒雪、粒状冰；2. 气温、降水量、地形；3. 极地、中低纬度高山；4. 地貌；5. 冰川的积累区、冰川的消融区；6. 雪、气温；7. 稳定；8. 融化、蒸发；9. 冰碛岩；10. 重结晶作用、升华—凝华作用、压实作用、重结晶作用；11. 终碛堤、侧碛堤、鼓丘；12. 无分选、磨圆差、无层理；13. 擦痕、压坑、变形；14. 地壳的不断抬升、冰川地质；15. 巴基斯坦、厦呈；16. 天山、腾格里、木扎特；17. 震旦纪、石炭—二叠纪、第四纪；18. 鄱阳、大姑、庐山、大理；19. 恭兹、民德、里斯、玉木；20. 气候、地形、规模、形态；21. 冰斗、悬、山谷、山麓；22. 重力、压力。

第十三章

二、是非题

1. ×；2. √；3. ×；4. ×；5. √；6. √；7. √；8. √；9. ×；10. ×；11. ×；12. ×；13. ×；14. ×；15. √；16. ×；17. √；18. ×；19. ×；20. √；21. ×；22. √；23. √。

三、选择题

1. c；2. c；3. b；4. b；5. c；6. c、d；7. d；8. a；9. a、d；10. c；11. b、d；12. d。

四、填空题

1. 地下第一个隔水层的顶面、河水的枯水位；2. 数量、大小、形状；3. 重力、毛细管力、热力；4. 8000；5. 渗透水、凝结水、古水、原生水；6. O_2、N_2、CO_2、H_2S、Cl^-、HCO_3^-、SO_4^{2-}、K^+、Na^+、Ca^{2+}、Mg^{2+}；7. 透明度、颜色、臭、味；8. H_2S、腐殖质、Fe^{2+}、HCO_3^-、有机质、硫酸盐类、氯盐；9. 裂隙、溶洞、泉口；10. 固态水、液态水、气态水、薄膜水、结合水、毛细管水、重力水、重力水、包气带水、潜水、承压水、孔隙水、裂隙水、岩溶水；11. 颗粒大小、分选性、排列方式、胶接物充填状况；12. 压力较高、压力较低；13. 透水性、隔水层；14. 垂直、水平、高、低；15. 晚。

第十四章

二、是非题

1. ×；2. ×；3. √；4. √；5. × ；6. √；7. √；8. ×；9. ×；10. ×；11. √；12. ×；13. √；14. √；15. ×；16. √；17. √；18. √；19. √；20. ×；21. √；22. √。

三、选择题

1. d；2. c；3. b；4. c；5. a；6. c；7. b；8. a；9. c；10. b。

四、填空题

1. 波浪、潮汐、洋流、浊流；2. 波浪折射、沿岸流；3. 颜色、透明度、温度、密度、压力；4. CO_2；5. 氧化、弱氧化、中性、弱还原、还原、强还原、氢氧化铁、氧化铁、海绿石、鲕海绿石、面海绿石、白铁矿、黄铁矿；6. 海洋、海岸线；7. 20、50；8. 信风、密度；9. 温度、盐度；10. 海洋；11. 机械的冲蚀、磨蚀、化学的溶蚀；12. 海蚀凹槽、海蚀崖、波切台、波筑台；13. 滨海、浅海、半深海、深海；14. 粗、沙砾质、交错、不对称、底栖、磨圆度、分选性、单一、石英、细、泥质、水平、交错、较好、较差、复杂；15. 太平；16. 有丰富的锰质来源；处于氧化环境（$Eh>0$）、海流不断补充锰质；17. 宇宙、火山、生物。

第十五章

二、是非题

1. ×；2. √；3. √；4. √；5. ×；6. √；7. ×；8. ×；9. √；10. ×；11. × 。

三、选择题

1. b；2. b、d；3. c；4. d。

四、填空题

1. 河水、大气降水；2. 冰雪融水、地下水；3. 35；4. 沼泽；5. 沥青、湖泥；6. 油页；7. 页、砂；8. 温、亚热；9. 石炭、二叠、侏罗、第三、第四；10. 西藏；11. 油苗；12. 构造湖、火山口湖、河成湖、溶蚀湖、陷落湖、冰成湖、海成湖、风蚀湖、堰塞湖。

第十六章

二、是非题

1. √；2. √；3. √；4. ×；5. ×；6. √；7. √；8. ×；9. √；10. ×；11. √；12. √；13. ×；14. √；15. √；16. ×；17. ×；18. √；19. √；20. × 。

三、选择题

1. c；2. d；3. b；4. c；5. b。

四、填空题

1. 吹扬、磨蚀；2. 蒸发、渗透；3. 潜水面；4. 石英、分选性、磨圆度、毛玻璃状、斜交、交错；5. 砂源、地形、风向、垂直；6. 中等、单向风、平行；7. 小；8. 中；9. 方向、方式、速度；10. 岩、砾、砂、泥；11. 黄土源、黄土梁、黄土峁；12. 干盐湖 ；13. 垂直。

第十七章

二、是非题

1. √;2. √;3. ×;4. √;5. ×;6. ×;7. ×。

三、选择题

1. b;2. c;3. c;4. a、b。

四、填空题

1. 45;2. 地表水、地下水、地震;3. 崩落、蠕动、滑坡、泥石流;4. 斜坡坡度、地质条件、气候;5. 散落、坠落、翻落;6. 滑坡体、滑动面、滑动台阶、滑坡壁;7. 岩性、地质构造、地质条件、气候因素;8. 海底地震、海底火山爆发、海底断裂;9. 固体物质、陡峻、水量;10. 地形、地质条件、降水量、植被;11. 形成区、流通区、堆积区。

第十八章

二、是非题

1. ×;2. √;3. ×;4. √;5. √;6. ×;7. √;8. ×;9. ×;10. √;11. √;12. √;13. √;14. √;15. √;16.√;17. √;18. √;19. √;20. √;21. √;22. ×;23. √;24. √;25. √。

三、选择题

1. b;2. c;3. d;4. b;5. a;6. b;7. d。

四、填空题

1. 金星、火星、类地、天王星、海王星、类木;2. H、He、核燃烧;3. 氢、氦;4. 表面浮土、玄武岩、1000;5. 火成岩;6. 火成岩、角砾岩;7. 4600;8. 4000;9. 月海;10. 火星、金星;11. 放射性;12. 水、大气;13. 水圈、大气圈。

参考文献

[1] 陈智娜,颜怀学,等. 普通地质学实验指导书及思考题集[M]. 北京:地质出版社,1991.

[2] 刘家润,吴俊奇,蔡元峰,石火生. 江苏及若干邻区 基础地质认识实习[M]. 南京:南京大学出版社,2009.

[3] 舒良树. 普通地质学(第三版)[M]. 北京:地质出版社,2010.

[4] 夏邦栋. 宁苏杭地区地质认识实习指南[M]. 南京:南京大学出版社,1986.

[5] 夏邦栋. 普通地质学(第二版)[M]. 北京:地质出版社,1995.

[6] 解国爱,舒良树. 普通地质学实验及复习指导书[M]. 南京:南京大学出版社,2011.

附录1 常见矿物的特征

次序	名称	形态	颜色和条痕色	光泽和透明度	解理和断口	硬度	比重	其他	鉴定特征	用途
1	**白云母**	单体短柱状、板状,常呈片状、鳞片状集合体	无色,有时呈灰白、淡黄、淡红等色	玻璃或珍珠光泽;透明	一组极完全解理	2.5 ~ 3	2.3	薄片具弹性	易裂成薄片和薄片具弹性,浅色,一组完全解理	绝缘材料
2	**白云石**	菱面体,晶面常弯曲成鞍状,常为块状或粒状集合体	白色,含铁呈褐色	玻璃光泽;透明或不透明	三组完全解理	3.5 ~ 4	2.8 ~ 2.9	遇冷盐酸反应微弱	以硬度稍大,在冷稀盐酸中反应缓慢等特征,可与相似的方解石相区别	耐火材料
3	**赤铁矿**	晶形少见,常为致密块状、鲕状、鳞片状、肾状及土状集合体	显晶质为铁黑色到钢灰色,隐晶质为暗红色;条痕樱红色	金属至半金属光泽;不透明	无解理	显晶质5 ~ 6;隐晶质低	4 ~ 5.3	无磁性	樱红色条痕、无磁性	炼铁、红色涂料
4	**磁铁矿**	八面体和菱形十二面体晶形,呈块状或粒状集合体	铁黑色;条痕黑色	半金属光泽;不透明	无解理	5.5 ~ 6.5	5	强磁性	铁黑色、强磁性	铁矿石
5	**电气石**	单晶为柱状和针状,集合体纤维状和放射状	黑色、玫瑰色、深绿色等	玻璃光泽	无解理;断口参差状	7 ~ 7.5	3.03 ~ 3.25	压电性、热释电效应	柱状晶形、柱面纵纹、无解理、高硬度	装饰品、无线电、吸附剂
6	**方解石**	单体为菱面体和六方柱,集合体为晶簇状、致密块状、钟乳状等	质纯无色透明(称冰洲石)或白色,含铁时呈褐红色,含锰时呈棕黑色	玻璃光泽;透明或半透明	三组完全解理	3	2.6 ~ 2.8	遇冷盐酸剧烈起泡,冰洲石具双折射率	晶形、解理、低的硬度小刀能刻动、遇冷盐酸起泡、锤击成菱形碎块	光学仪器材料
7	**方铅矿**	单晶体为立方体;集合体为粒状或致密块状	铅灰色;条痕黑色	金属光泽;不透明	三组完全解理,易裂成立方体小块	2 ~ 3	7.4 ~ 7.6	性脆	具三组正交完全解理、比重大、常碎成小方块	铅矿石

（续表1）

次序	名称	形态	颜色和条痕色	光泽和透明度	解理和断口	硬度	比重	其他	鉴定特征	用途
8	橄榄石	单晶短柱状，常呈粒状集合体	淡黄绿色到橄榄绿色	玻璃光泽，断口油脂光泽；透明	通常无解理，贝壳状断口	6.5 ~ 7	3.3 ~ 3.5		粒状外形、橄榄绿色、玻璃光泽、硬度较高	装饰品
9	高岭石	致密块状和土状集合体	白色，含杂质呈其他色调	土状光泽暗淡，块状具蜡状光泽；不透明		2	2.6	吸水性和可塑性	性软、吸水、可塑性	陶瓷原料
10	刚玉	柱状、腰鼓状或板状	纯净者无色，含微量元素呈蓝色（蓝宝石）、红色（红宝石）	玻璃光泽；透明至不透明		9	3.95 ~ 4.1	星光、变色等特殊光学效应	硬度大，仅次于钻石	首饰、研磨材料
11	硅灰石	放射状及纤维状集合体	白到灰白色；条痕白色	玻璃光泽，解理面珍珠光泽	平行伸长方向完全解理	4.5 ~ 5	2.78 ~ 2.91	遇浓盐酸分解成絮状物	浅色、放射状及纤维状形态	陶瓷工业
12	黑云母	单体短柱状、板状，常呈片状、鳞片状集合体	棕褐色、黑色	珍珠光泽；透明	一组极完全解理	2.5 ~ 3	2.3	薄片具弹性	深色、一组完全解理、薄片具弹性	绝缘材料
13	滑石	单体为片状，常为鳞片状、纤维状、块状等集合体	无色或白色	珍珠光泽；半透明或不透明	片状一组完全解理，致密块状贝壳断口	1	2.7 ~ 2.8	有滑感	低硬度，滑腻感，性软	耐火、耐酸、绝缘材料
14	红柱石	单晶柱状，集合体放射状或粒状	灰白色或粉红色	玻璃光泽；透明	平行柱状方向一组中等解理	6.5 ~ 7.5	3.1 ~ 3.2	放射状，俗称菊花石	近正方形柱状晶体或为放射状集合体	耐火材料
15	黄铁矿	立方体单晶，粒状、致密块状集合体	浅黄铜色；条痕呈绿黑	金属光泽；不透明	无解理，断口参差状	6 ~ 6.5	5	性脆、晶面上有与晶棱平行的条纹	完好晶形和晶面条纹，浅铜黄色，较大的硬度	硫酸主要原料
16	黄铜矿	单体少见，致密块状集合体	铜黄色；条痕呈绿黑	金属光泽；不透明	无解理，断口参差状	3 ~ 4	4.1 ~ 4.3	性脆	金黄色、条痕绿黑色、小刀能刻动	炼铜

（续表2）

次序	名称	形态	颜色和条痕色	光泽和透明度	解理和断口	硬度	比重	其他	鉴定特征	用途
17	**褐铁矿**	土块状、葡萄状、钟乳状、粉末状集合体	褐至黄褐色；条痕褐色	半金属光泽至土状光泽；不透明		1～5	3.3～4.28	地表常形成红色“铁帽”	形态、颜色、条痕	铁矿石、褐色颜料
18	**辉锑矿**	单晶体为柱状、针状，集合体一般为放射状或致密块状	铅灰色；条痕黑色	金属光泽；不透明	一组完全解理，解理面上常有横纹	2	4.6	性脆、易熔	铅灰色、柱状晶形、解理面横纹、一组完全解理	锑原料、耐磨合金
19	**金刚石**	八面体、菱形十二面体、立方体和六八面体等单体	极纯净者无色，多呈黄、褐、灰、蓝、乳白和紫色等	金刚光泽；纯净者透明，含杂质半透明或不透明	中等至不完全解理；贝壳状或参差状断口	10	3.47～3.56	化学成分为碳，加热至1000度变成石墨	硬度最大、强金刚光泽	首饰、钻探研磨材料
20	**钾长石**	单体为柱状、板状或不规则粒状，常见卡氏双晶	肉红色，有时呈白色或灰色	玻璃光泽；半透明或不透明	两组完全解理正交	6	2.5～2.7	钾长石系列包含正、微斜和透长石等	肉红、黄白等色，短柱状，完全解理，硬度较大	陶瓷及玻璃主要原料及制钾肥用
21	**孔雀石**	柱状或针状单体，常呈隐晶质钟乳状、块状、皮壳状、纤维状集合体	深绿色或鲜绿色；条痕淡绿色	丝绢光泽或玻璃光泽；不透明	贝壳状至参差状断口	3.5～4	3.54～4.1	遇稀盐酸剧烈起泡	特有的颜色	装饰品、绿色染料
22	**绿泥石**	晶体片状或板状，集合体鳞片状	绿色，随含铁量变化深浅不同	解理面珍珠光泽；半透明或不透明	一组完全解理	2～3	2.6～2.85	薄片具挠性	绿色，有挠性而无弹性，可与云母区别	工艺品、装饰品
23	**绿帘石**	单晶为柱状，常发育晶面纵纹，集合体为粒状或块状	不同色调的草绿色，随铁含量增加颜色变深	玻璃光泽；透明至半透明	平行柱状方向一组完全解理	6～6.5	3.38～3.49	旋转时具二色性	特有的黄绿或深绿色，晶体延长方向有条纹，硬度较大，旋转时一个方向深绿色，另一方向棕色	色泽艳丽者可作宝石

（续表3）

次序	名称	形态	颜色和条痕色	光泽和透明度	解理和断口	硬度	比重	其他	鉴定特征	用途
24	磷灰石	晶体呈带锥面六方柱状，集合体为粒状、致密块状、结核状等	纯净者无色透明，一般呈浅绿、黄褐、浅紫色等	玻璃光泽，断口油脂光泽	解理极不完全；参差状断口	5	3.18～3.21	加热后常可出现磷光	晶体六方柱，标准硬度5，块状，在标本上加浓硝酸和钼酸铵，产生黄色沉淀	提取磷的原料、制造磷肥
25	蓝晶石	晶体呈扁平的板条状，放射状集合体	蓝色、蓝灰色；条痕不明显	玻璃光泽，解理面珍珠光泽；透明至半透明	一组完全和一组中等解理	晶体生长平行方向4.5，垂直方向6	3.53～3.64	硬度各向异性，又名“二硬石”	独特的颜色，硬度异向性	耐火材料
26	普通角闪石	单体长柱状，横截面为近菱形六边形，集合体粒状、针状或纤维状	绿黑色至黑色；条痕浅灰绿色	玻璃光泽；不透明	两组柱面完全解理，交角56°或124°	5～6	3.1～3.4	闪石矿物一类，并不是一种矿物	绿黑色长柱状、56°或124°解理夹角，小刀不易刻动	铸石原料中的配料
27	普通辉石	单体短柱状，断面近正八边形，集合体为粒状、致密块状	绿黑或黑色；条痕浅绿色或黑色	玻璃光泽；半透明或不透明	两组柱面中等解理，交角87°或93°	5～6	3.4～3.6		绿黑色，短柱状晶形，解理夹角近90°	装饰品
28	软锰矿	晶形细柱状或针状，少见，常为肾状、结核状、块状、土状、粉末状、放射纤维状集合体	浅灰到黑色；条痕黑色	半金属光泽，隐晶质光泽暗淡；不透明	解理完全；断口不平坦	显晶质6，隐晶质1～2	4.7～5.0	易染手	黑色，低硬度，易染手	提取锰的原料、冶金工业
29	石墨	片状晶形，鳞片状、块状、土状集合体	颜色与条痕均为黑色	半金属光泽；不透明	一组完全解理	1～2	2.2	薄片挠性、良好导电性	铁黑色，硬度低，一组极完全解理，有滑感和染手	铅笔、电极、坩埚
30	石英	单体为六方柱或双锥体，集合体呈晶簇状、粒状、块状，有时为隐晶质	纯者无色，含杂质呈乳白色、紫色、烟色、黑色等	晶面玻璃光泽，断口油脂光泽；透明（称水晶）至不透明	无解理；贝壳状断口	7	2.6	隐晶质称玉髓，玉髓具条带或花纹称玛瑙	六方柱形态、硬度大、无解理、晶面横纹、断口油脂光泽	玻璃、光学材料、精密仪器、研磨等

（续表4）

次序	名称	形态	颜色和条痕色	光泽和透明度	解理和断口	硬度	比重	其他	鉴定特征	用途
31	石膏	单晶为板状，集合体为致密块状（雪花石膏）、纤维状（纤维石膏）	无色或白色，含杂质呈灰、浅黄等色；条痕白色	玻璃光泽，纤维状呈丝绢光泽；透明或半透明	平行板状平面具极完全解理	2	2.2	隔音、隔热、防火性能	薄片具挠性、一组完全解理、指甲可刻动	水泥、模型、医药
32	石榴子石	菱形十二面体、四角三八面体晶形，集合体呈粒状	颜色随成分而异，深红、黑、棕绿等色	玻璃光泽、断口油脂光泽；半透明	无解理；断口参差状	6～7.5	3.2～4.2	性脆	独特的晶形、高硬度、无解理	研磨材料、装饰品
33	蛇纹石	一般呈鳞片状或致密块状、纤维状集合体	颜色多样，绿至绿黄、白色、棕色、黑色等	块状为油脂光泽，纤维状为绢丝光泽；半透明至不透明	无解理；贝壳状或参差状断口	2.5～3.5	2.6～2.9	花纹似蛇皮	黄绿色、中等硬度、具油脂光泽或蜡状光泽	保温耐火材料
34	闪锌矿	四面体或菱形十二面体晶体，常为致密块状或粒状集合体	纯闪锌矿近无色，因含铁呈浅黄、棕至黑色；条痕白色到褐色	油脂光泽到半金属光泽；透明至不透明	六组完全解理	3.5～4	3.9～4.1	具强还原性，常与方铅矿共生	条痕比颜色浅，多向完全解理，较小的硬度	铅矿石
35	斜长石	板状或柱状，常见聚片双晶	白色至灰白色；条痕白色或浅灰色	玻璃光泽；半透明	一组完全、一组中等解理，斜交86°24′，故得名	6～6.5	2.5～2.7	包括钠、奥、中、拉、培、钙长石系列	白到灰白色，细粒或板状，聚片双晶，旋转标本出现相间反光，小刀刻不动	陶瓷和玻璃主要原料
36	夕线石	晶体柱状或针状，集合体放射状或纤维状	常为白色至灰白色	玻璃光泽或丝绢光泽	板面解理完全	6.5～7.5	3.23～3.27		棒状、针状晶形	耐火、耐酸材料，首饰
37	硬石膏	单体呈柱状或厚板状，集合体块状或粒状	无色或白色，含杂质呈暗灰色	玻璃光泽；纯净者透明	相互垂直三组解理	3～3.5	2.98	吸水变成石膏	三组解理互相垂直，滴稀盐酸不起泡	建筑装饰材料
38	萤石	立方体和八面体单晶，集合体粒状、块状	紫、绿、蓝、黄色、无色等	玻璃光泽；透明	四组完全解理	4	3.18	紫外线照射下发蓝绿色荧光	颜色鲜明，多向完全解理，标准硬度4	助熔剂、氢氟酸原料

（续表5）

次序	名称	形态	颜色和条痕色	光泽和透明度	解理和断口	硬度	比重	其他	鉴定特征	用途
39	**硬锰矿**	晶体少见，常呈钟乳状、葡萄状、树枝状或土状集合体	灰黑至黑色；条痕褐黑至黑色	半金属光泽至暗淡；不透明	无解理	5～6	4.4～4.7	性脆	胶体形态、黑色条痕、较高硬度	锰矿石
40	**重晶石**	单晶呈板状、柱状，集合体致密块状、板状或粒状	纯者无色透明，一般为白色、灰色、浅黄色等；条痕白色	玻璃光泽，解理面珍珠光泽；透明至半透明	二组解理完全，夹角等于或近于90°	3～3.5	4.5	遇盐酸不起泡	硬度小，完全解理，比重较大，遇盐酸不起泡	填充剂、白色颜料等
41	**蛭石**	片状或鳞片状	褐、黄、暗绿色	油脂光泽，不透明	一组极完全解理	1～1.5	2.3	薄片无弹性，加热膨胀，加热到300℃时，膨胀20倍并发生弯曲，这时的蛭石有点像水蛭(蚂蟥)	外形与黑云母相似，但光泽、解理程度、硬度、薄片弹性均较黑云母弱。灼烧时体积强烈膨胀为其主要特征	防火、保温、冶金

附录2 常见火成岩特征

岩石名称	颜色	结构	构造	矿物名称及含量	形成环境	其他
橄榄岩	绿色或黑绿色	中粒—粗粒结构	块状构造	大致等量的橄榄石和辉石,橄榄石含量至少在10%以上,可含少量石榴子石、角闪石、黑云母等,没有石英	超基性深成侵入岩	橄榄石含量达90%以上者叫纯橄榄岩。在地表极易风化而形成蛇纹岩
辉长岩	暗黑色	中粒—粗粒结构	块状构造	主要矿物成分是斜长石和辉石,次要矿物有角闪石、橄榄石等;暗色矿物与浅色矿物含量大致相等,前者略高	基性深成侵入岩	斜长石和辉石两者晶形发育程度相近,或均为自形晶粒,或均为它形晶粒,称辉长结构,辉石和斜长石同时从岩浆中结晶的结果
辉绿岩	暗绿或黑绿色	细粒结构或隐晶质结构	块状构造	矿物成分与辉长岩相似,但颗粒较细,长条形斜长石自形程度好	基性浅成岩,常呈岩床、岩墙产出	斜长石组成的格架内充填与其大小相当的辉石或橄榄石,称为辉绿结构
玄武岩	黑色有时呈灰绿色及暗紫色	斑状结构、细粒至隐晶质或玻璃质结构,少数为中粒结构	气孔和杏仁构造;陆上呈绳状构造、块状构造;水下具枕状构造	斑晶为斜长石、橄榄石或辉石,角闪石、黑云母少见	基性喷出岩	常具柱状节理
闪长岩	灰黑—灰白色	中粗等粒结构	块状构造	主要矿物为斜长石和普通角闪石,次要矿物黑云母或辉石,无或含极少钾长石和石英	中性深成侵入岩	常呈岩株、岩床或岩墙产出
安山岩	灰绿色、灰褐或紫红色等	斑状结构	块状构造为主,气孔和杏仁构造	与闪长岩成分相当;斑晶多为斜长石角闪石、辉石和黑云母等	中性喷出岩	分布面积广泛,常呈熔岩被产出
闪长玢岩	灰、灰绿或灰黑色	斑状或似斑状结构	块状构造	成分与闪长岩相似;斑晶以斜长石为主,其次为角闪石和黑云母	中性浅成岩	常呈脉产出
花岗岩	灰白、浅灰、肉红等色	细—粗粒等粒结构,似斑状结构	块状构造	主要矿物为钾长石、斜长石和石英,其中钾长石多于斜长石,石英含量20%~50%,暗色矿物含量在10%以下,主要为黑云母、角闪石	分布广泛的一种酸性深成侵入岩,常呈岩基或岩株产出	纹象花岗岩:石英呈一定的外形(如尖棱状、象形文字形等)有规律地镶嵌在钾长石中,称纹象结构。钾长石结晶早,石英结晶晚,挤进钾长石缝隙中呈条带状或团块状等

岩石名称	颜色	结构	构造	矿物名称及含量	形成环境	其他
花岗伟晶岩	灰白、浅灰等	粗粒或巨粒结构，粒径1cm左右到数米	块状构造	主要矿物钾长石、石英，有时含有斜长石、白云母等	成分与花岗岩相当的浅成岩	岩浆活动后期，含有挥发成分的花岗岩浆侵入围岩，常以脉体或透镜体产出，可形成长石、云母、宝石或稀有元素矿床
花岗斑岩	灰白、浅灰等	斑状结构	块状构造	斑晶主要为钾长石和石英，有时也有黑云母、角闪石，基质成分与斑晶相似	成分与花岗岩相似的浅成岩	常以小岩株、岩墙产出，或作为同期晚阶段侵入体穿插于大花岗岩岩体中
流纹岩	灰色、粉红、浅紫红色等	斑状结构	流纹构造	斑晶主要是石英和钾长石，基质较细，属隐晶质	酸性喷出岩	
浮岩	灰色、白色、浅黄色、浅红等色	玻璃质结构	气孔状构造		多孔状喷出岩	火山喷发时，大量火山气体形成泡沫，下落过程中，挥发性气体跑掉留下许多孔隙，比重小，可飘浮在水面上，又称蜂窝石、水浮石、江沫石、海浮石
凝灰岩	黑、紫、白等色	凝灰结构	块状或层状	主要由粒径小于2mm的火山灰组成	喷出岩	外貌疏松多孔
火山角砾岩		火山角砾结构	块状构造	主要由粒径2~64mm的火山碎屑物组成，含有其他岩石角砾及少量石英、长石等矿物晶屑。填隙物是火山灰	喷出岩	具明显的棱角，分选差，大小不等。常与火山集块岩伴生，位于火山口外侧
集块岩		集块结构	块状构造	主要由粒径大于64mm的火山碎屑物组成，分选极差，多带棱角	喷出岩	分布于火山口附近或充填于火山口中
榴辉岩	一般为深色，深绿、暗红色	粗粒不等粒变晶结构	块状构造	主要由浅红色石榴石和绿色绿辉石组成，二者含量大于80%，少量次要矿物柯石英、刚玉、金刚石、斜方辉石、多硅白云母、蓝晶石、绿帘石、斜黝帘石、蓝闪石、角闪石、金红石等。	基性、超基性岩浆岩在极大的压力条件下变质形成的，而温度条件不限，低温到高温范围内都可形成	中国大陆科学钻探主孔位于大别—苏鲁超高压变质带上，孔内0~2000m的岩心中，各种榴辉岩占到50%以上。榴辉岩大多经历了不同程度的退变质。该超高压带内榴辉岩的形成与华北与华南板块俯冲和碰撞作用有关。

附录3 常见沉积岩特征

岩石名称	颜色	结构	构造	成分及含量	其他
砾岩		砾状结构，胶结物有硅质、钙质、铁质和泥质	层理不发育，分选差	主要由粒径大于2mm的角砾组成，砾石成分为石英、石灰岩等。砾石为圆或次圆状者称砾岩，呈棱角或次棱角状者称角砾岩	分为底砾岩和层间砾岩，底砾岩与下伏岩层呈不整合或假整合接触，代表了沉积间断。层间砾岩整合地产于地层内部，不代表任何侵蚀间断
砂岩		砂状结构，胶结物为硅质、钙质、铁质及泥质	各类层理构造和层面构造	按成分分为石英砂岩、长石砂岩和岩屑砂岩	按砂粒大小分为粗粒砂岩（粒径2～0.5mm）、中粒砂岩（粒径0.5～0.25mm）、和细粒砂岩（粒径0.25～0.05mm）
粉砂岩		粉砂状结构	多呈薄层状，水平或微波状层理	颗粒细小，肉眼难以辨认，放大镜下可识别石英颗粒或少量白云母	岩石断面粗糙，无滑感，可与粘泥岩及页岩区别
粘土岩		泥状结构	块状、层理构造	泥岩分为钙质泥岩、铁质泥岩、硅质泥岩等；页岩分为碳质页岩、硅质页岩、铁质页岩、钙质页岩等	固结微弱者称为粘土，固结较好但没有层理者，称为泥岩，固结较好且具有良好的层理者，称为页岩
石灰岩（简称灰岩）	灰、灰黑、黄、褐红等	颗粒和非颗粒结构	层状、块状构造	主要由方解石组成；根据结构构造分为砾屑灰岩、鲕状灰岩和竹叶状灰岩等	加稀盐酸起泡剧烈；易溶蚀形成石林和溶洞，称为喀斯特地形。灰岩是石灰和水泥主要原料。灰岩主要是在浅海环境下形成
白云岩	灰白色	细粒或中粒结构	层状、块状构造	主要由白云石组成	外貌与灰岩相似，但白云岩加稀盐酸起泡微弱或不起泡；岩石风化面上有刀砍状溶沟
硅质岩	灰、灰白、灰黑等色	隐晶质	块状构造，坚硬，小刀不能刻动，性脆	化学成分为二氧化硅，矿物成分为自生石英、玉髓和蛋白石	分为生物硅质岩、化学硅质岩和凝灰硅质岩

附录4 常见变质岩特征

岩石名称	颜色	结构	构造	矿物成分	其他
大理岩	白色、浅灰、浅红、绿色、浅黄、黑色等	变晶结构	块状构造	主要由方解石和白云石组成，此外还含有硅灰岩、透闪石、斜长石、石英、滑石、蛇纹石等	因在中国云南大理县盛产这种岩石而得名； 碳酸盐岩（石灰岩或白云岩）经热接触变质或区域变质，矿物重结晶形成。质地均匀、细粒、白色大理岩，又称汉白玉
石英岩	白色、浅灰、浅红、绿色、浅黄、黑色等	变晶结构	块状构造	主要矿物为石英，可含云母类矿物及赤铁矿等	石英砂岩及硅质岩经区域变质或热接触变质，重结晶形成
角岩/角页岩		细粒粒状变晶结构	块状构造	主要由长石、云母、角闪石、石英、辉石等组成	原岩主要为粘土岩、粉砂岩、火成岩及各种火山碎屑岩，经中高温热接触变质作用形成
矽卡岩	颜色较深，常呈暗绿色、暗棕色等	不等粒粒状变晶结构	块状构造	主要由石榴石和透辉石及其他钙铁硅酸盐矿物组成	主要是中酸性侵入岩和碳酸盐岩的接触带，由接触交代作用所形成； 矽卡岩是寻找矽卡岩矿床的重要标志，与之有关的矿产有铁、铜、铅、锌、钨、锡等
板岩		变余泥质或粉砂质结构	板状构造，有时见变余层理构造	板面上常有少量绢云母、绿泥石等矿物，没有明显重结晶，以隐晶质为主，并有大量残留的泥质和粉砂	由泥质、粉砂质或凝灰质岩石经轻度区域变质作用形成
片岩		鳞片变晶结构或斑状变晶结构	片理构造	矿物成分肉眼可辨认，主要由片状矿物（云母、绿泥石、滑石）、柱状矿物（角闪石等）和粒状矿物（石英、长石等）组成	由泥质、砂质等岩石变质形成，变质程度比千枚岩更深，原岩已全部重结晶；按主要矿物成分命名，如云母片岩、绿泥石片岩等
片麻岩		中—粗粒变晶结构	片麻状构造或条带状构造	矿物成分主要由长石、石英及各种暗色矿物（黑云母、角闪石、辉石等）组成	由各种岩石经较深变质作用形成
混合岩		变晶结构	条带状、肠状、眼球状等构造	由浅色花岗质（长石、石英）和暗色镁铁质（片麻岩）组成脉体和基体两部分	按构造分为条带状混合岩、眼球状混合岩、肠状混合岩等

地层综合柱状图

比例尺 1:10000

界	系	统	代号	柱状图	厚度(m)	岩性简述
新生界	第四系		Q		20	砂、砾层
中生界	侏罗系	下统	J_1		100	砂岩、砾岩夹玄武岩
	三叠系	下统	T_1		150	杂色砂岩、页岩
古生界	二叠系	上统	P_3		190	黄色砂质页岩夹铝土页岩
		中统	P_2		225	黄色中层砂岩、泥岩夹煤层，含大羽羊齿
		下统	P_1		135	灰色厚层石英砂岩
	石炭系	上统	C_2		250	灰黑色页岩、砂岩互层夹煤层
	奥陶系	下统	O_1		175	灰色厚层白云质灰岩
	寒武系	上统	$∈_3$		320	黑色厚层泥质灰岩，含三叶虫化石
		中统	$∈_2$		200	灰色中层鲕粒状灰岩、含三叶虫化石

长山地区地质图

比例尺 1:25000

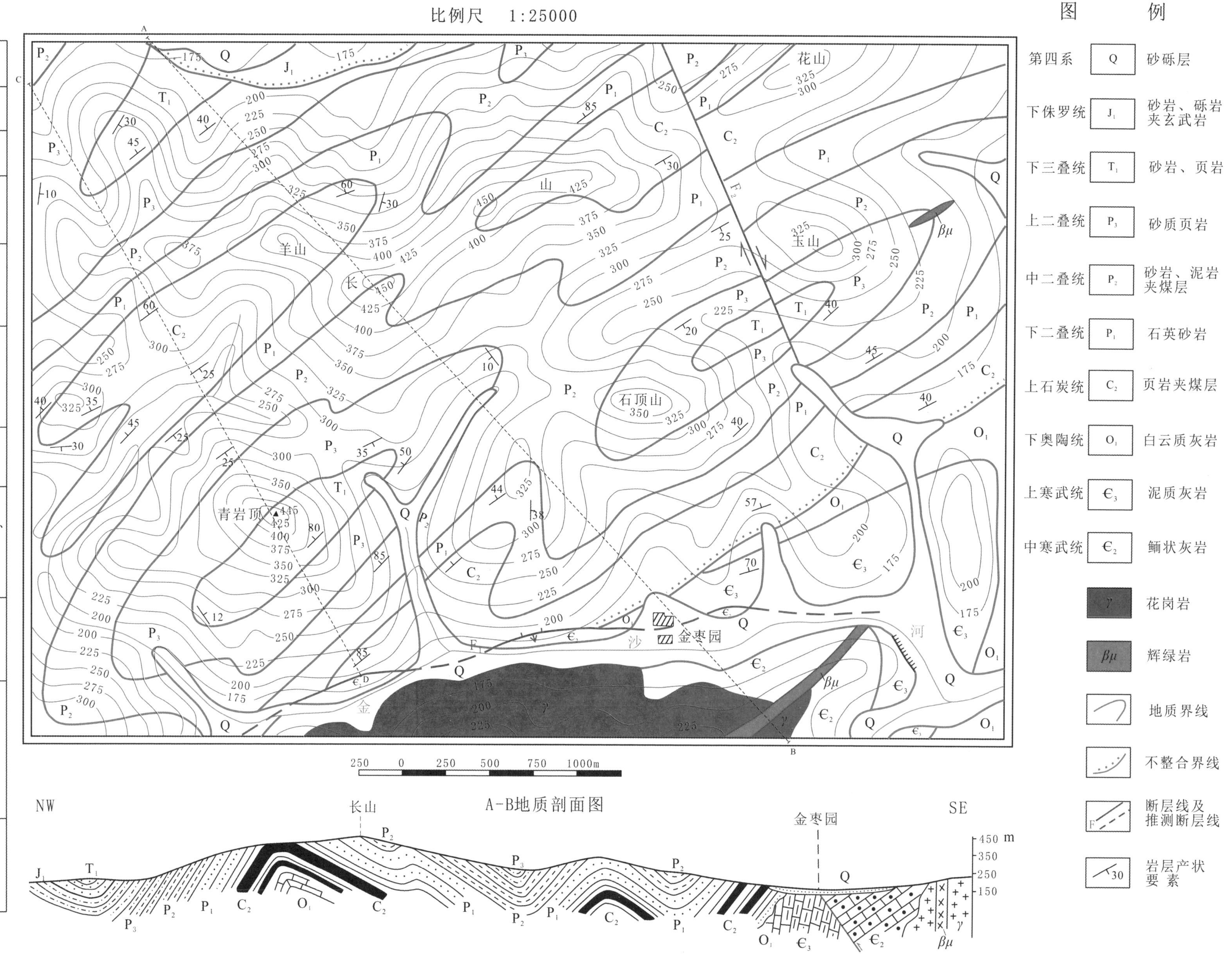